单片机 C 语言程序设计

李 茹 丁 昆 蔡鹏飞 编著

东南大学出版社
SOUTHEAST UNIVERSITY PRESS
·南京·

内 容 提 要

本书是根据高等职业教育的特点,结合高职学生的具体情况而编写的理论、实践一体化教材,通过大量实例介绍了51系列单片机及其C语言程序设计。全书共分为8章,内容包括单片机概述、C语言基础知识介绍、STM32及基于STM32CubeMX的开发环境搭建和实践案例。为便于读者理解,每章有相应配套的实例供读者参考学习。

本书适合作为高职院校电气工程及自动化专业、应用电子技术专业及其他相关专业的教材,也可作为成人高校、夜大等相关专业课程的教材,并可供有关工程技术人员参考。

图书在版编目(CIP)数据

单片机C语言程序设计 / 李茹,丁昆,蔡鹏飞编著
. —南京:东南大学出版社,2021.12
ISBN 978 - 7 - 5641 - 9881 - 7

Ⅰ.①单… Ⅱ.①李… ②丁… ③蔡… Ⅲ.①微控制器-高等职业教育-教材 ②C语言-程序设计-高等职业教育-教材 Ⅳ.①TP368.1 ②TP312.8

中国版本图书馆CIP数据核字(2021)第 254604 号

责任编辑:史 静 责任校对:子雪莲 封面设计:顾晓阳 责任印制:周荣虎

单片机C语言程序设计 Danpianji C Yuyan Chengxu Sheji

编 著	李 茹 丁 昆 蔡鹏飞
出版发行	东南大学出版社
社 址	南京市四牌楼 2 号(邮编:210096 电话:025 - 83793330)
网 址	http://www.seupress.com
电子邮箱	press@seupress.com
经 销	全国各地新华书店
印 刷	广东虎彩云印刷有限公司
开 本	787 mm×1092 mm 1/16
印 张	14.25
字 数	329 千字
版 次	2021 年 12 月第 1 版
印 次	2021 年 12 月第 1 次印刷
书 号	ISBN 978 - 7 - 5641 - 9881 - 7
印 数	1—1000 册
定 价	45.00 元

本社图书若有印装质量问题,请直接与营销部调换。电话(传真):025 - 83791830

前　言

　　本书主要介绍 C 语言的基础知识及其在 MCS-51 系列和 STM32 单片机中的应用,包含基本数据类型、运算符及表达式、流程控制、函数、数组与指针、结构体与共用体等内容。本书注重对学生基础知识和基本技能的培养,为便于读者理解,每章有配套的实例供读者参考学习。

　　本书共分 8 个章节,第 1 章为单片机概述;第 2 章～第 7 章介绍单片机 C 语言的基础知识,并配以部分单片机实例;第 8 章介绍 STM32 单片机的原理及常用功能模块的使用。

　　本书由上海工程技术大学高等职业技术学院、上海市高级技工学校的李茹,中国科学院上海技术物理研究所的丁昆以及柯惠(中国)医疗器材技术有限公司的蔡鹏飞共同编著。在本书的编写过程中得到了朋友、同事的支持与鼓励,在此表示衷心感谢。

　　在本书编写过程中,编著者参考了一些文献,并引用了其中的一些资料,难以一一列举,在此一并向这些文献的作者表示衷心的感谢。

　　由于编者水平有限,书中难免存在疏漏和不妥之处,敬请广大读者批评指正。

编者

2021 年 3 月

目　　录

第1章　单片机基础知识

1.1　单片机简介

单片机是集成了各种部件的微型计算机,将中央处理器(CPU)、随机存储器(RAM)、只读存储器(ROM)、定时器/计数器和各种输入输出(I/O)接口等主要功能部件集成在一块集成电路板上。因为单片机在控制方面有重要应用,所以国际上通常将单片机称为微型控制器(Microcontroller Unit，MCU)。它已成为工业控制、智能仪器仪表、尖端武器、机电设备、过程控制、自动检测等领域应用最为广泛的微型计算机。

1. MCS-51 系列单片机的分类

(1) 按芯片的半导体制造工艺来分,可以分为两种类型:HMOS 工艺型,包括 8051、8751、8052、8032;CHMOS 工艺型,包括 80C51、83C51、87C51、80C31、80C32 和 80C52。这两类器件在功能上是完全兼容的,但采用了 CHMOS 工艺制作的芯片具有低功耗的特点,它所消耗的电流要比 HMOS 器件消耗的电流小得多。例如 8051 的功耗为 630 mW,而 80C51 的功耗只有 120 mW。在便携式、手提式和野外作业的仪器设备上,低功耗是非常有意义的,因此这些产品中必须使用 CHMOS 工艺的单片机芯片。另外,CHMOS 器件还比 HMOS 器件多了两种节电的工作方式(掉电方式和待机方式),常用于构成低功耗的应用系统。

(2) 按芯片内不同容量的存储器配置来划分,可以分为两种类型:51 子系列型,其芯片型号的最后一位数字以 1 作为标志,该系列单片机是基本型产品,其片内带有 4KB ROM/EPROM(紫外线可擦除的 ROM)、128B RAM、2 个 16 位定时器/计数器和 5 个中断源等;52 子系列型,其芯片型号的最后一位数字以 2 作为标志,该系列单片机则是增强型产品,片内带有 8KB ROM/EPROM、256B RAM、3 个 16 位定时器/计数器和 6 个中断源等。

2. MCS-51 系列单片机的兼容性

MCS-51 系列单片机优异的性价比使得它自面世以来就获得广大用户的认可。Intel 公司把这种单片机的内核,即 8051 内核,以出售或互换专利的方式授权给一些公司,这些公司在保持与 8051 单片机兼容的基础上,改善了 8051 单片机的许多特性。例如,80C51 单片机就是在 8051 单片机的基础上发展起来的更低功耗的单片机,两者外形完全一样,指令系统、引脚信号、总线等也都完全一致(完全兼容)。也就是说,在 8051 单片机下开发的软件完全可以在 80C51 单片机上应用;反之,在 80C51 单片机下开发的软件也可以在 8051 单片机上应用。这样 8051 单片机就成为有众多制造厂商支持的包含许多品种的大家族,现在统称为 80C51 系列。

80C51 系列单片机也包括多个品种,其中 AT89C51 单片机用得比较多,它最大的特点是内部含有可以多次重复编程的 Flash ROM(快速擦写存储器),并且 Flash ROM 可以直接用编程器来擦写,使用非常方便。

3. 单片机的发展阶段

单片机的发展可大致分为以下三个阶段。

1) 初始阶段

在此阶段,由于受到当时技术发展的影响,单片机制作工艺较差、集成度较低,这个阶段的单片机多采用双片结构,且功能比较简单。这些单片机在应用过程中,由于内部资源太少,需要外接其他功能芯片才能实现应用功能。

2) 低性能阶段

在此阶段,单片机的性能有了一定的发展,相关接口电路、定时器、计数器等都集中到一个芯片中。在这个时期,单片机被推向市场,促进了单片机改革。

3) 高性能阶段

在此阶段,单片机的性能有了进一步发展,功能不断完善,内部的 RAM、ROM 都有所增大,寻址范围也变大,并且增加了串行口和多级中断处理。单片机的制造工艺和集成度都得到迅速提高,内部资源得到较大扩展,实时处理能力更强。

1.2　单片机的基本结构

单片机经过几十年的不断发展,其功能和组成结构基本已经固定,MCS-51 系列单片机是应用最早的,也是最成熟的。这里以 MCS-51 系列单片机为例,其结构及内部组成如图 1-1 和图 1-2 所示。

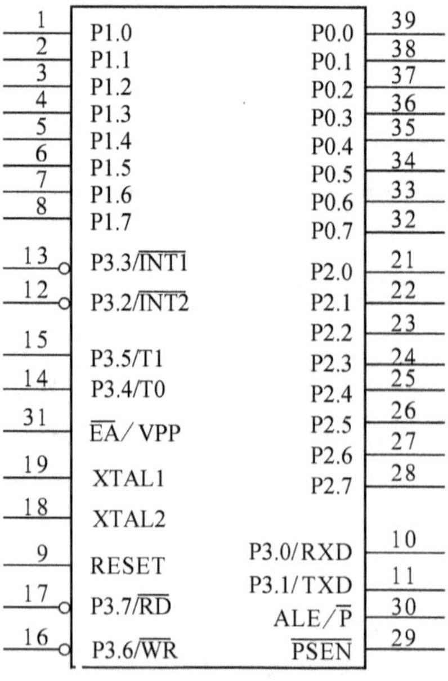

图 1-1　AT89C51 芯片结构和引脚分布图

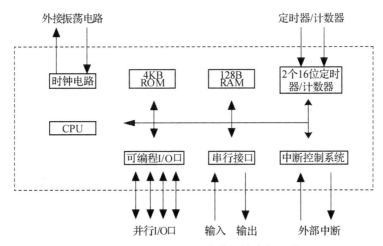

图 1 - 2 MCS-51 系列单片机的内部组成

1. 中央处理器(CPU)

中央处理器是单片机的核心,实现运算和控制功能。它的结构比较复杂,一般采用 C 语言来设计程序,在编写程序的时候一般不需过多了解其结构和原理。中央处理器是微型计算机的心脏,它的性能决定了整个微型计算机的各项关键指标。

2. 内部数据存储器(128B RAM)

MCS-51 系列单片机中共有 256 个 RAM 单元。其中,后 128 个单元被专用寄存器占用,通常称为特殊功能寄存器;供用户使用的寄存器只有前 128 个单元,用于存放可读写的数据。因此通常所说的内部数据存储器就是指前 128 个单元,简称内部 RAM。

3. 内部程序存储器(4KB ROM)

MCS-51 系列单片机共有 4KB ROM,用于存放程序或原始数据,因此称为程序存储器,简称内部 ROM。

4. 可编程 I/O 口

MCS-51 系列单片机共有 4 个 8 位的 I/O 口(P0、P1、P2 和 P3),通过编写程序可以实现数据的并行输入/输出,从而接收外部信号或输出控制信号。

5. 定时器/计数器

MCS-51 系列单片机共有 2 个 16 位的定时器/计数器,已实现定时或计数功能,并根据定时或计数结果对计算机进行控制。

6. 中断控制系统

当 CPU 执行正常的程序时,如果接收到一个中断请求(如定时时间到,需要鸣笛报警),中断控制系统马上会让 CPU 停止正在执行的程序,转而去执行内部程序存储器(ROM)中特定的某段程序,执行完后再继续执行先前中断的程序,MCS-51 系列单片机共有 5 个中断源,即 2 个外中断源、2 个定时/计数中断源和 1 个串行中断源。

7. 串行接口

MCS-51 系列单片机有一个全双工的串行口,以实现单片机和其他设备之间的串行数据传输。该串行口功能较强,既可作为全双工异步通信收发器使用,也可作为同步移位器使用。

8. 时钟电路

时钟电路产生时钟信号送给单片机内部各电路并控制这些电路,使它们有节拍地工作。时钟信号的频率越高,内部电路的工作速度越快。

MCS-51 系列单片机的内部有时钟电路,但石英晶体和微调电容需外接,系统允许的晶振频率一般为 6~12 MHz。

从上述内容可以看出,虽然 MCS-51 是单片机芯片,但是计算机应该具有的基本部件它都具有了,因此实际上它已经是一个简单的微型计算机了。

1.3　单片机的主要特点

MCS-51 系列单片机的基本组成和基本工作原理与一般微型计算机不同,但在具体结构和处理过程上又有自己的特点,其主要特点如下:

1) 存储结构通常采用哈佛结构

存储器的结构一般有两种:普林斯顿结构和哈佛结构。微型计算机一般采用普林斯顿结构,程序和数据合用一个存储器空间,在使用时才分开;单片机一般采用哈佛结构,将程序和数据分别用不同的存储器存放,程序和数据各有自己的存储空间,分别用不同的寻址方式。存放程序的存储器称为程序存储器,存放数据的存储器称为数据存储器。单片机系统处理的程序基本不变,所以程序存储器一般由只读存储器芯片构成;数据是随时变化的,所以数据存储器一般由随机存储器构成。考虑到单片机用于系统控制的特点,程序存储器的存储空间一般比较大,数据存储器的存储空间较小。另外,程序存储器和数据存储器又有片内和片外之分,而且访问方式也不相同。所以单片机的存储器在操作时可分为片内程序存储器、片外程序存储器、片内数据存储器和片外数据存储器。

2) 芯片引脚大部分采用分时复用技术

单片机芯片内集成了较多的功能部件,需要的引脚信号比较多,而由于工艺和应用场合的限制,芯片上引脚数目又不能太多。为解决实际的引脚数和需要的引脚数之间的矛盾,一根引脚往往设计了两个或多个功能。每个引脚在当前起什么作用,由指令和当前机器的状态来决定。

3) 内部资源访问采用特殊功能寄存器的形式

单片机中集成了微型计算机的微处理器、存储器、I/O 接口、定时器/计数器、串行接口、中断系统等电路,用户对这些资源的访问是通过对相对应的特殊功能寄存器进行访问来实现的,访问方法与 CPU 内的寄存器类似。

4) 指令系统采用面向控制的指令系统

为了满足控制系统的要求,单片机有很轻的逻辑控制能力。在单片机内部一般都设置有一个独立的位处理器,又称为布尔处理器,专门用于位运算。

5）内部一般都集成一个全双工的串行接口

通过这个串行接口，可以很方便地与其他外设进行通信，也可以与另外的单片机或卫星计算机通信，组成计算机分布式控制系统。

6）单片机有很强的外部扩展能力

在内部的各功能部件不能满足应用系统要求时，单片机可以很方便地在外部扩展各种电路，它能与许多通用的微机接口芯片兼容。

1.4　单片机的工作过程

单独一个单片机集成电路是无法工作的，必须添加一些外围电路，构成单片机应用系统才可以工作。下面以抢答器的单片机控制电路为例（如图 1-3 所示）来说明单片机应用系统的工作过程。

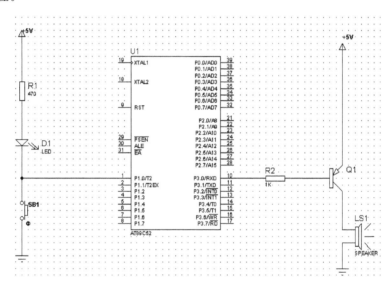

图 1-3　典型单片机应用系统结构图

当按下抢答器 SB1 后，按钮接地，发光二极管 D1 亮。同时，单片机输入低电平，经单片机内部的数据传输后，马上输出控制信号（这里仍为低电平）。该信号通过电阻 R2 送到驱动三极管 Q1 的基极，Q1 导通，有电流通过蜂鸣器 LS1，蜂鸣器发声。一旦松开抢答器 SB1，单片机输出信号为高电平，经过内部数据传输，马上输出高电平，三极管 Q1 截止，蜂鸣器停止发声。

1.5 单片机的应用

单片机由于具有体积小、功耗低、易于产品化、面向控制、抗干扰能力强、适应温度范围广、可以方便地实现多机和分布式控制等优点,因而被广泛地应用于各种控制系统和分布式系统中。

1. 单机应用

单机应用是指在一个系统中只用到一块单片机,这是目前单片机应用采用最多的方式。单机应用主要应用于以下领域:

1) 工业自动化控制

在自动化控制领域,单片机广泛应用于各种过程控制、数据采集系统、测控技术等方面,如数控机床、自动生产线控制、电机控制和温度控制、机电一体化。

2) 智能仪器仪表

单片机技术应用于仪器仪表,使得原有的测量仪器向数字化、智能化、多功能化和综合化的方向发展,大大地提高了仪器仪表的精度和准确度,减小了仪器仪表的体积,使其易于携带,并且能够集测量、处理、控制功能于一体,从而使测量技术发生了根本变化。

3) 计算机外部设备和智能接口

在计算机系统中,很多外部设备都用到了单片机,如打印机、键盘、磁盘、测绘仪等。通过单片机来对这些外部设备进行管理,提高了计算机整体的工作效率。

4) 日常家用电子产品

目前家用电器在不断提高智能化程度,如洗衣机、电风扇、电磁炉、空调等产品中都有单片机的身影。

2. 多机应用

多机应用是指在一个系统中用到多块单片机。这是单片机在高科技领域的主要应用方式,主要用于一些大型的自动化控制系统。这时整个系统分成多个子系统,每一个子系统是一个单片机系统,用于完成该子系统的工作,即从上级主机接收信息并发送给上级主机。上级主机则根据接收的下级子系统的信息进行判断,产生相应的处理命令并传送给下级子系统。

3. 单片机的等级

单片机芯片本身是按工业测控环境要求设计的,能够适应于各种恶劣的环境,有很强的温度适应能力。按对温度的适应能力,可以把单片机分成以下三个等级:

1) 民用级或商用级

温度适应范围在 0~70 ℃,适用于机房和一般的办公环境。如今各种家用电器普遍采用单片机智能化控制代替传统的电子线路控制,进行产品的升级换代。

2）工业级

温度适应范围在−40～85 ℃,适用于工厂和工业控制环境,对环境的适应能力较强。

3）军用级

温度适应范围在−65～125 ℃,适用于环境条件苛刻、温度变化很大的野外,主要应用于军事领域。

单片机应用的意义不仅在于其应用的广阔范围及所带来的经济效益,更重要的意义在于单片机的应用从根本上改变了控制系统传统的设计思想和设计方法。过去采用硬件电路实现的大部分控制功能,如今正在用单片机通过软件方法来实现,即人们所说的"软件就是硬件"。过去自动控制系统中的 PID 调节,如今可以用单片机实现具有智能化的数字计算控制、模糊控制和自适应控制。这种以软件取代硬件的微控技术,随着单片机技术的推广,将不断发展完善。

1.6　单片机的相关基础知识

在平时生活中,人们习惯用十进制数来表示数,但计算机只能识别二进制数。二进制数是计算机中数据的基础。

1.6.1　数制与数制间的转换

1. 数制

按进位的原则进行计数,称为进位计数制,简称"数制"。数制有多种,在计算机中常用的有十进制数、二进制数和十六进制数。

1）十进制数

十进制数按"逢十进一"的原则进行计数,它的基数为 10,所使用的数码为 0～9 共 10 个数字。对于任意一个 4 位十进制数,都可以写成如下形式:

$$D_3D_2D_1D_0 = D_3 \times 10^3 + D_2 \times 10^2 + D_1 \times 10^1 + D_0 \times 10^0$$

式中:D_3、D_2、D_1、D_0 称为数码;10 为基数;10^3、10^2、10^1、10^0 是各位数码的"位权"。该式称为按位权展开式。

【例 1-1】　$681 = 6 \times 10^2 + 8 \times 10^1 + 1 \times 10^0$

2）二进制数

二进制数按"逢二进一"的原则进行计数,它的基数为 2,所使用的数码为 0 和 1。二进制数在计算机中容易实现,可以用电路的高电平表示"1",低电平表示"0";或者用三极管截止时集电极的输出表示"1",导通时集电极的输出表示"0"。对于任意一个 4 位二进制数,都可以写成如下形式:

$$B_3B_2B_1B_0 = B_3 \times 2^3 + B_2 \times 2^2 + B_1 \times 2^1 + B_0 \times 2^0$$

式中：B_3、B_2、B_1、B_0 称为数码；2 为基数；2^3、2^2、2^1、2^0 是各位数码的"位权"。该式称为按位权展开式。

【例1-2】 $(1100)_2 = 1 \times 2^3 + 1 \times 2^2 + 0 \times 2^1 + 0 \times 2^0 = 12$

由于二进制数运算实行的借进位规则是"逢二进一，借一当二"，因此二进制数的运算规则相当简单。

加法：$0+0=0$；$0+1=1$；$1+0=1$；$1+1=10$

减法：$0-0=0$；$1-0=1$；$1-1=0$；$10-1=1$

乘法：$0 \times 0=0$；$0 \times 1=0$；$1 \times 0=0$；$1 \times 1=1$

除法：$0 \div 1=0$；$1 \div 1=1$

【例1-3】 求 $(1101)_2 \times (101)_2$ 的值。

$$
\begin{array}{r}
1101 \\
\times \quad 101 \\
\hline
1101 \\
0000 \\
1101 \\
\hline
1000001
\end{array}
$$

因此可得 $(1101)_2 \times (101)_2 = (1000001)_2$。

3）十六进制数

由于二进制数的位数太长，不易记忆和书写，因此人们又提出了十六进制的计数形式。在单片机 C 语言程序设计中经常用到十六进制数。

十六进制数按"逢十六进一"的原则进行计数，它的基数为16，所使用的数码共有16个：0、1、2、3、4、5、6、7、8、9、A、B、C、D、E、F。其中，A、B、C、D、E、F 所代表的数相当于十进制数的10、11、12、13、14、15。对于任意一个4位十六进制数，都可以写成如下形式：

$$H_3 H_2 H_1 H_0 = H_3 \times 16^3 + H_2 \times 16^2 + H_1 \times 16^1 + H_0 \times 16^0$$

式中：H_3、H_2、H_1、H_0 称为数码；16 为基数；16^3、16^2、16^1、16^0 是各位数码的"位权"。该式称为按位权展开式。

【例1-4】 $(120A)_{16} = 1 \times 16^3 + 2 \times 16^2 + 0 \times 16^1 + 10 \times 16^0 = 4\,618$

2. 数制间的转换

将一个数由一种数制转换成另一种数制称为数制间的转换。

1）十进制数转换成二进制数

将十进制数转换为二进制数采用"除2取余法"，即将十进制数依次除以2，并依次记下余数，一直除到商为0，最后把全部余数按相反次序排列，就能得到二进制数。

【例1-5】 把十进制数45转换成二进制数。

余数　　　　低位（第一次余数必为低位）

$2\lfloor 45$ ……………………………………1

$2\lfloor 22$ ……………………………………0

$2\lfloor 11$ ……………………………………1

$2\lfloor 5$ ……………………………………1

$2\lfloor 2$ ……………………………………0

$2\lfloor 1$ ……………………………………1

0

高位（直到商数等于0为止）

因此可得 $45=(101101)_2$。

2）二进制数转换成十进制数

将二进制数转换成十进制数采用"位权法"，即把各非十进制数按位权展开，然后求和。

【例 1-6】　把 $(1011)_2$ 转换成十进制数。

$$(1011)_2=1\times 2^3+0\times 2^2+1\times 2^1+1\times 2^0=11$$

3）二进制转换成十六进制数

将二进制数转换成十六进制数的规则是：从右到左，每 4 位二进制数转换成 1 位十六进制数，不足部分用 0 补齐。

【例 1-7】　把 $(101101101101)_2$ 转换成十六进制数。

把 $(101101101101)_2$ 写成如下形式：

1011　　　　　　0110　　　　　　1101

B　　　　　　　6　　　　　　　D

因此可得 $(101101101101)_2=(B6D)_{16}$。

4）十六进制数转换成二进制数

将十六进制数转换成二进制数的方法是：从左到右将待转换的十六进制数中的每个数码依次用 4 位二进制数表示。

【例 1-8】　将十六进制数 $(11AB)_{16}$ 转换成二进制数。

将每位十六进制数写成 4 位二进制数，即

1　　　　　　1　　　　　　A　　　　　　B

0001　　　　0001　　　　1010　　　　1011

因此可得 $(11AB)_{16}=(0001000110101011)_2$。

1.6.2　单片机中数的表示方法及常用数制的对应关系

1. 数的表示方法

为便于书写，特别是便于编程时的书写，规定在数字后加一个字母以示区别。二进制数后加 B，十六进制数后加 H，十进制数后加 D，其中 D 可以省略。

【例 1-9】　3BH=00111011B=59D=59

2. 常用数制的对应关系

表 1-1 列出了常用数字的各种数制间的对应关系,这在单片机 C 语言程序设计中经常用到。

表 1-1 常用数制的对应关系

二进制	十进制	十六进制	二级制	十进制	十六进制
000B	0	0H	1000B	8	8H
0001B	1	1H	1001B	9	9H
0010B	2	2H	1010B	10	AH
0011B	3	3H	1011B	11	BH
0100B	4	4H	1100B	12	CH
0101B	5	5H	1101B	13	DH
0110B	6	6H	1110B	14	EH
0111B	7	7H	1111B	15	FH

1.6.3 逻辑数据的表示

为了使计算机具有逻辑判断能力,需要逻辑数据,并能对它们进行逻辑运算,得出一个逻辑式的判断结果。每个逻辑变量或逻辑运算的结果产生逻辑值,该逻辑值只能取"真"或"假"两个值。判断成立时为"真",判断不成立时为"假"。在计算机内常用"0"和"1"表示这两个逻辑值,"0"表示"假","1"表示"真"。因此,在逻辑电路中,输入和输出只有两种状态,即高电平"1"和低电平"0"。最基本的逻辑运算有逻辑与、逻辑或和逻辑非三种。

1. 逻辑与

逻辑与也称为逻辑乘,最基本的逻辑与运算有两个输入量和一个输出量。图 1-4 所示为二极管与电阻构成的逻辑与电路。其中,A、B 为输入端,Y 为输出端,+5 V 电压经 R_1 分压,在 E 点得到+3 V 电压。

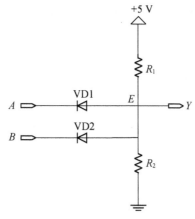

图 1-4 二极管与电阻构成的逻辑与电路

1）逻辑与实现原理

当 A、B 两端同时输入低电平(0 V)时,由于 E 点电压为 +3 V,因此二极管 VD1、VD2 都导通,E 点电压马上降到 +0.7 V(低电平),即当 A、B 两端同时输入低电平"0"时,Y 端输出低电平"0"。

当 A 端输入低电平(0 V),B 端输入高电平(+5 V)时,由于 E 点电压为 +3 V,因此二极管 VD1 导通,此时 E 点电压马上降到 +0.7 V(低电平),而二极管 VD2 处于截止状态,此时 Y 端输出低电平"0"。

当 A 端输入高电平(+5 V),B 端输入低电平(0 V)时,二极管 VD1 截止。二极管 VD2 处于导通状态,E 点电压仍为 +0.7 V(低电平),此时 Y 端输出低电平"0"。

当 A、B 端同时输入高电平(+5 V)时,二极管 VD1、VD2 都不能导通,E 点电压为 +3 V(高电平),此时 Y 端输出高电平"1"。

由此可见,只有当输入端均为高电平时,输出端才会输出高电平;只要有一个输入端输入低电平,输出端就会输出低电平。这就是逻辑与运算的特点。

2）真值表

真值表列出了电路的各种输入值和对应的输出值,可以直观地看出电路的输入与输出之间的关系。表1-2列出了逻辑与的真值表。

表 1-2　逻辑与的真值表

输入		输出
A	B	Y
0	0	0
0	1	0
1	0	0
1	1	1

（3）逻辑表达式与运算规则

逻辑与的表达式为:

$$Y = A \cdot B$$

逻辑与的运算规则可总结为:有0为0,全1出1。

2. 逻辑或

逻辑或也称为逻辑加,最基本的逻辑或运算有两个输入量和一个输出量。它的逻辑表达式为:

$$Y = A + B$$

逻辑或的运算规则可总结为:有1为1,全0出0。

3. 逻辑非

逻辑非即取反,它的逻辑表达式为:

$$Y=\bar{A}$$

逻辑非的运算规则可总结为:1 的反为 0,0 的反为 1。

若在一个逻辑表达式中出现多种逻辑运算,可用小括号指定运算次序;无小括号时按照逻辑非、逻辑与、逻辑或的顺序执行。

1.6.4 单片机中常用基本术语

1. 位

一盏灯的亮灭或电平的高低代表两种状态,即"0"和"1",实际上这就是一个二进制位(bit)。位是计算机中所能表达的最小数据单位。

2. 字节

相邻的 8 位二进制码称为一个字节(byte),用 B 表示。字节是一个比较小的单位,常用的还有千字节(KB)、兆字节(MB)等,它们之间的换算关系如下:

$$1\ MB=1024\ KB=1024\times1024\ B$$

3. 字长

字节是计算机内部进行数据处理的基本单位,它由若干位二进制码组成,通常与计算机内部的寄存器、运算器、数据总线的宽度一致。若干个字节定义为一个字,每个字所包含的位数称为字长,不同类型的单片机有不同的字长。8051 内核的单片机是 8 位机,它的字长为 8 位,其内部的运算器等都是 8 位的。

第2章　单片机C语言的基本数据类型

单片机在运行过程中会根据程序员编写的代码进行运算。由于代码中的数据在单片机内存中需要占用一定的空间,而单片机的内存空间是有限的,因此为了合理地利用单片机的内存空间,在编程时需要设定合适的数据类型。不同的数据类型代表不同的数据大小,数据大小不同,所占用的空间大小也就不同,在使用数据之前声明数据类型,目的是让单片机给数据分配合适的内存空间。本章介绍单片机C语言的基本数据类型。

2.1　标识符与关键字

在C语言编程中经常要用到各种函数、变量、常量、数组、数据类型和一些控制语句,为了对它们进行标志,就必须使用标识符。比如,可以使用 x、y 作为变量的标识符;使用 delay()作为函数的标志符。

注意:C语言对大小字母敏感,例如 MIN 和 min 就是两个完全不同的标识符。

程序中的标识符命名应当简洁明了,含义清晰,便于阅读。比如前面所说的 min 表示最小值。

C语言规定标识符只能是字母(A~Z,a~z)、数字(0~9)和下划线"_"组成的字符串,并且第一个字符必须是字母或下划线。

在C语言编程中,为了定义变量、表达语句功能和对一些文件预处理,还必须用到一些有特殊意义的字符串,即关键字。关键字已经被软件本身使用,不能再作为标识符使用。C语言的关键字分为以下三类:

(1) 类型说明符:用来定义变量、函数或其他数据结构类型,如 unsigned、char、int、long 等。

(2) 语句定义符:用来标示一个语句的功能,如标示条件判断语句的 if、while 等。

(3) 预处理命令字:用于表示预处理命令。

C语言的主要关键字有 32 个:auto、double、int、struct、break、else、long、switch、case、enum、register、typedef、char、extern、return、union、const、float、short、unsigned、continue、for、signed、void、default、goto、sizeof、volatile、do、if、while、static。

此外,为了能够直接访问单片机的一些内部寄存器,以 MCS-51 系列单片机为例,Keil C51 编译器扩充了关键字 sfr。利用这种扩充关键字,可以在C语言源程序中直接对 8051 系列单片机的特殊功能寄存器进行定义。定义方法如下:

　　　　　sfr 特殊功能寄存器名＝地址常数;

例如：

```
sfr Po= 0x80 ; //定义地址为"0x80"的特殊功能寄存器名字为"Po",对 Po 的操作也就是对
               //地址为 0x80 的寄存器的操作
```

在 8051 系列单片机应用中,经常需要访问特殊功能寄存器中的某些位,为此 Keil C51 编译器提供了另一种扩充关键字 sbit,利用它可以定义位寻址对象。定义方法如下：

sbit 位变量名＝特殊功能寄存器名∧位位置

例如：

```
sbit LED= P1^3 ; //位定义 LED 为 P1.3
```

作上述定义后,如果要点亮图 2－1 所示的发光二极管 D1,编程时就可以直接使用以下命令：

```
LED= 0 ; //将 P1.3 引脚电平置 0,对 LED 的操作就是对 P1.3 的操作
```

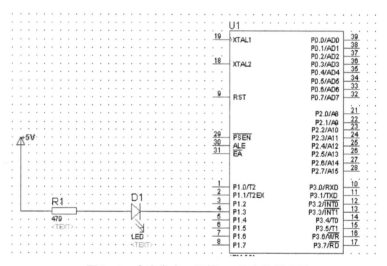

图 2－1　点亮发光二极管 D1 的电路原理图

2.2　C 语言的数据类型

由于不同的类型的数据在单片机运行中会占用不同的内存空间,用户在编写程序时需遵从一定的语法规则。任何程序设计都要涉及对数据的处理,数据在计算机内存中的存放情况由数据结构决定,在 C 语言中数据结构是以数据类型出现的。下面介绍单片机 C 语言的几种数据类型。

C 语言中常用的数据类型有整型、字符型、实型、空类型等。根据取值在程序运行中是否发生变化,还可将数据类型分为常量与变量两种。常量即在程序运行过程中其值不能改变的量,如圆周率 π。变量即在程序运行过程中其值可以改变的量。变量标识符常用小写字母来表示。在编程中常量可以不经说明地直接引用,而变量则必须先定义其类型后才能使用。

2.2.1　常量

2.2.1.1　直接常量与符号常量
常量可以分为直接常量和符号常量。

1. 直接常量

直接常量指的是在程序中直接给出值的数据,如 23、−2.1、'a' 等程序编写中直接给出的数据。

2. 符号常量

在 C 语言中使用一个标识符来表示一个常量,这个标识符称为符号常量。符号常量在使用前必须预先定义,称为预定义,预定义格式如下:

♯define 标识符　常量

例如,定义标识符 HUGE 为常量值 900 的代码如下所示:

```
# define HUGE 900
```

其中,♯define 是宏定义命令,它是一个常用的预处理命令,在以后的程序设计中会经常用到这个命令,在本例中它的作用是把标识符定义成常量值 900。经过以上预定义后,程序当中凡是出现标识符 HUGE 的地方都会以 900 这个常量值代替。

使用符号常量的好处是只需要在预定义语句中修改符号常量的值,程序中凡是引用这个符号常量的地方都会进行相应修改。符号常量是常量的一种,一旦被定义,就不能再赋值。习惯上符号常量的标识符由大写字母来表示。

例如:

```
# define PI 3.1415926
void main (void)
{
  float  r, s;
      s= PI* r* r;
      ……
}
```

程序首行定义了符号常量 PI 为 3.1415926,在后面的程序中,凡是出现 PI 的地方其值均为 3.1415926。使用宏定义的优势是,若程序中多处用到某个常量,其值又需要多处改动,使用该变量则可以"一改全改"。

2.2.1.2　整型常量
整型常量即整常数。在 C 语言中,整型常量主要有 4 种形式:八进制、十进制、十六进制和长整型,长整型常量是在数字后面加一个 L 构成。

(1) 十进制常量没有前缀,数码用 0~9 来表示,如 123、－6、0 等。非合法十进制常量如:053(不能有前导 0 存在)、67D(含有非十进制数码)。

在程序运行过程中,系统是根据前缀来区分各种数制的。

(2) 八进制常量以 0 作为前缀,数码用 0~7 来表示,遇 8 进 1,例如 016(即十进制的 14)。非合法八进制常量如:67(没有前缀 0)、0BD(含有非十进制数码)。

(3) 十六进制常量则以 0X(大小写均可)作为前缀,如 0X3B,其数码取值为 0~9 和 A~F(或 a~f)。非合法十六进制常量如:67(没有前缀 0x)、0xGA(含有非十六进制数码)。

(4) 长整型是在数字后加字母 L 来表示,如 103L。在 16 位字长的机器上,基本整型的长度也为 16 位,因此表示的数的范围也是有限定的。十进制无符号整常数的范围为 0~65535,有符号数为－32768~＋32767;八进制无符号整常数的范围为 0~0177777;十六进制无符号整常数的范围为 0X0~0XFFFF 或 0x0~0xffff。如果使用的数超过了上述范围,就必须用长整型数来表示。

2.2.1.3 浮点型常量

浮点型常量只采用十进制,有两种表示形式:小数形式和指数形式。

1. 小数形式

小数形式又称为点表示形式,由数字 0~9 和小数点组成,如 123.9。如果整数和小数部分为 0,则可以省略不写,但必须有小数点。

2. 指数形式

指数形式由数字 0~9、阶码标志"e"或"E"以及阶码(只能为整数,可以带符号)组成,如下所示:

$$[＋/－]数字[.数字]e[＋/－]数字$$

其中,＋/－根据具体要求可有可无,如 124e2(等于 $124×10^2$)、－2.3e－3(等于－2.3×10^{-3})。

非合法浮点型常量如:457(无小数点)、e6(阶码标志前面无数字)、－5(无阶码标志)、34.1－e3(负号位置不对)、2.7E(无阶码)。

2.2.1.4 字符型常量

1. 普通字符型常量

普通字符型常量为用一对单引号括起来的单个字符,常用作显示说明,如'a''b''＋'等都是合法的字符型常量。

C 语言中字符型常量的特点如下:

(1) 字符型常量只能用单引号括起来,不能用双引号或其他符号。

(2) 字符型常量只能是单个字符,不能是字符串。

(3) 数字被定义为字符后不再参与数值运算,即'6'是字符型常量,而 6 是整型常量。

2. 转义字符

转义字符是一种特殊的字符型常量,通常在该字符前面加一个反斜杠"\"组成专用转义字符。转义字符具有特定含义,不同于字符原有意义,故称为转义字符。常用转义字符及其含义如表 2-1 所示。

表 2-1　常用转义字符

转义字符	含义	ASCII 码(十六进制/十进制)
\0	空字符	00H/0
\n	换行符	0AH/10
\r	回车符	0DH/13
\t	水平制表符	09H/9
\b	退格符	08H/8
\f	换页符	0CH/12
\'	单引号	27H/39
\"	双引号	22H/34
\\	反斜杠	5CH/92

2.2.1.5　字符串型常量

字符串型常量为用一对双引号引起来的字符序列,如"OK" "good morning"等都是合法的字符串常量。当引号内没有字符时为空字符串。在使用特殊字符时同样要使用转义符"\"。

1. 字符串的存储

在 C 语言中,字符串型常量是作为字符型数组来处理的,在存储字符串常量时,系统会自动在字符串的末尾加上转义符"\0"作为字符串的结束标志。

例如,字符串"good"在内存中表示为:

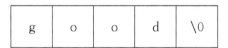

要特别注意,字符型常量'b'与字符串型常量"b"在内存中的存储情况是不同的,前者比后者少占用 1 个字节的内存空间。'b'在内存中占用 1 个字节,可表示为:

"b"在内存中占 2 个字节,可表示为:

字符型常量与字符串型常量的区别如下:

(1) 定界符不同:字符串型常量使用双引号,字符型常量使用单引号。

(2) 长度不同:字符型常量的长度固定是 1,而字符串型常量的长度根据引号内字符的不同而有变化。

（3）存储要求不同：字符型常量存储的是字符的 ASCII 码值，而字符串型常量除了要存储有效字符外，还要存储一个结束标志"\0"。

（4）可以把一个字符型常量赋值给另一个字符型变量，但不能把一个字符串型常量赋值给一个字符型变量。

2. 位标量

这是 C51 编译器的一种扩展数据类型，位标量常用关键字 bit 来定义，它的值是一个二进制数。一个函数可以包含 bit 类型的参数，也可以返回 bit 类型的值。

（1）位类型 bit

位类型在 MCS-51 系列单片机内部占用 1 bit 的空间，是长度最小的数据类型。bit 类型数据的取值只有两种：0 或者 1，如表 2-2 所示，可以看作高级语言中布尔类型（boolean）数据的取值 true 或 false。

表 2-2 位类型 bit

数据类型	长度	取值范围
bit	1 bit	0、1

（2）特殊功能位 sbit

严格意义上讲，sbit 并不是位类型，它代表的是单片机特殊功能寄存器中的某个位。单片机对内部资源的访问都是通过操作特殊功能寄存器来实现的。不同的特殊功能寄存器是依靠它们在内存中的地址来区分的，如 P1 口的地址是 0x90H。对大部分用户来说，这些寄存器的声明已经包含在头文件 reg51.h 中。

sbit 的作用是访问寄存器中的某个位。比如，要访问 P1 口中的第一个引脚 P1.0，可以这样定义它：

```
sbit 位变量名 = 特殊功能寄存器名^位位置;
sbit LED0 = P1^0;
```

这样，就把 LED0 定义到 P1 口的 0 位，直接操作 LED0 变量就可以控制 P1.0 引脚了。sbit 的取值也只有 0 和 1 两种，如表 2-3 所示。

表 2-3 特殊功能位 sbit

数据类型	长度	取值范围
bit	1 bit	0、1

2.2.2 变量

2.2.2.1 变量的定义

变量是在程序运行过程中，值随着程序的运行而不断变化的量。C 语言中的变量具有三要素：变量名、变量值和数据类型。每个变量都必须有一个标识符作为它的名称；变量用来存储数据，存储的数据就为变量值；数据类型决定了变量所占字节的大小。在使用变量之前必须对它进行定义,包括数据类型和存储模式的定义,便于编译系统能正确地为它分配相应的存储单元。

变量定义的一般格式为:

类型说明符 变量标识符;

例如:

```
char  a;                        //定义 a 为字符型变量
unsigned char  b;               //定义 b 为无符号字符型变量
int a,b;                        //定义 a,b 为整型变量
float a,b;                      //定义 a,b 为单精度浮点型变量
double c,d;                     //定义 c,d 为双精度浮点型变量
long  a,b;                      //定义 a,b 为长整型变量
```

在定义变量时应注意以下几点:

(1) 可以在一个类型说明符后定义多个相同类型的变量。类型说明符与变量名标识符之间最少用一个空格隔开,各个变量名之间用逗号隔开。

(2) 无论定义多少个变量,在最后一个变量名标识符后要用分号结尾。

(3) 变量定义先定义后使用,因此变量定义必须放在变量使用之前,一般放在函数体的开头、函数的外部或复合语句的开头。

变量在使用前必须定义有以下原因:

(1) 未经定义的变量在程序运行时会被认为是非法的。例如,变量定义"int a"在语句中写成了"a=30",则在编译时系统检查出变量 a 未经定义,因此 a 不能作为变量名,输出错误提示信息"变量 a 未经声明",便于用户发现错误。

(2) 在定义变量时说明变量的类型,编译时系统就能根据变量定义及类型为它分配相应的存储空间。例如,若变量 a 被定义为整型,那么后续编译系统会为它分配 2 个字节的存储单元,并以整数方式存储数据。

(3) 不同类型的数据所定义的运算是不同的,因此通过变量的类型可以检查出在程序中该变量所进行的运算是否合法。例如,对整型变量 a 与 b 可以进行求余运算 a%b,但如果将 a 与 b 定义为浮点型变量,若对其进行求余运算,编译时会给出错误提示信息。

2.2.2.2　变量的初始化

变量初始化的一般格式为:

变量类型 变量名＝表达式,……;

例如:

```
int a= 67            //定义 a 为整型变量,初始值为 67
char ch= 'a';        //定义 ch 为字符型变量,初始值为'a'
float f= 3.21;       //定义 f 为单精度浮点型变量,初始值为 3.21
```

注意:对同一类型的各变量赋值时应分别给每个变量赋值。例如,给 a、b、c 三个字符型变量都赋值'a',应写成"char a＝'a',b＝'a',c＝'a';",而不能写成"char a＝b＝c＝

'a';"。再如,给 a、b、c 三个整型变量都赋值 9,应写成"int a＝9,b＝9,c＝9;",而不能写成"int a＝b＝c＝9;",后者虽然也可以给几个变量赋值 9,但含义不同。简单说来,后者表示整型变量 b 引用整型变量 c 的值,整型变量 a 引用整型变量 b 的值。

2.2.2.3 整型变量

根据占用内存字节数的不同,整型变量可分为以下几类:

(1) 短整型,关键字为 short int。

(2) 整型,关键字为 int。

(3) 长整型,关键字为 long int。

(4) 无符号整型,用来存储无符号整数,关键字为 unsigned int、unsigned short 或 unsigned long。unsigned int 为无符号基本整型,unsigned short 为无符号短整型,unsigned long 为无符号长整型。

不同类型的整型变量占用的内存空间不同,在 16 位操作系统中一般 2 个字节存放一个 int 型数据,在 32 位操作系统中默认 4 个字节存放一个 int 型数据。整型数据在内存中所占字节数及取值范围如表 2-4 所示。

表 2-4　各类整型数据的长度及值域

	说明	类型	占用字节数	值域
有符号型	整型	int	4 字节(32 位)	$-2^{31} \sim 2(2^{31}-1)$
	短整型	short	2 字节(16 位)	$0 \sim 2^{16}-1$
	长整型	long 或 long int	4 字节(32 位)	$-2^{31} \sim 2(2^{31}-1)$
无符号型	无符号整型	unsigned int	2 字节(16 位)	$0 \sim 2^{16}-1$
	无符号短整型	unsigned short	2 字节(16 位)	$0 \sim 2^{16}-1$
	无符号长整型	unsigned long int	4 字节(32 位)	$0 \sim 2^{31}-1$

由表 2-4 可观察到,尽管都是整型变量,但不同类型的整型变量的值域不同。长度为 n 的有符号整型变量的值域为 $-2^{n \times 8-1} \sim 2^{n \times 8-1}-1$,无符号整型变量的值域为 $0 \sim 2^{n \times 8-1}-1$。

【例 2-1】 整型变量的定义与使用。

```
main ()
{
    int a,b,c,d;
    unsigned u:
    a= 12;b= - 24; u= 10;
    c =  a+ u;
    d = b+ u;
    printf ("a+ u= 9d,b+ u= 9d\n",c, d)
}
```

【例 2-2】 表达式计算时发生溢出错误。

```
main ()
{
```

```
    long a ;
    a= 32767+1;
    printf ("sd".a) ;
}
```

程序运行结果为：

```
    - 32768
```

这个结果显然和预期的不一样。这是因为 32767 和 1 都是 int 型常量，表达式 32767＋1
是 int 型表达式，所能表示的数据范围为－32768～32767，超出这个范围就会发生溢出错误。
32767 的 16 位二进制补码表示为 0111111111111111，加 1 便是 1000000000000000，这正是
－32768 的二进制补码表示。尽管 a 是 long 型变量，但表达式 32767＋1 已产生了溢出错
误，a 的值为－32768 也就不奇怪了。

为解决上述问题，可将程序改写成：

```
main ()
{
    long a ;
    a= 32767L+1;
    printf ("i1d",a);
}
```

2.2.2.4 浮点型变量

浮点型变量可分为：单精度（float 型）变量、双精度（double 型）变量及长双精度（long
double 型）变量。浮点型变量又称为实型变量。浮点型数据在内存中所占的字节数和数值
范围如表 2-5 所示。

表 2-5 浮点型数据的长度及值域

说明	类型	占用字节数	值域	有效数字
单精度	float	4 字节（32 位）	$10^{-37}\sim10^{38}$	6～7
双精度	double	8 字节（64 位）	$10^{-307}\sim10^{308}$	15～16
长双精度	long double	16 字节（128 位）	$10^{-4931}\sim10^{4932}$	18～19

根据表 2-5 可知，浮点型数据最少占用 4 字节 32 位的内存空间，按照指数形式存储。
例如，实数 1.23456 在内存中的存放形式如下所示：

＋	.123456	1
数符	小数部分	指数

由此可知：
(1) 小数部分占的位数越多，数的有效数字越多，精度越高。
(2) 指数部分占的位数越多，则表示的数值范围越大。

【例 2-3】 浮点型数据的舍入误差。

```
main ()
{
    float : a;
    double b;
    a= 33333.33333;
    b= 33333.33333333333333;
    printf ("% f\n% f\n",a,b) ;
}
```

程序运行结果为：

```
33333.332031
33333.333333
```

说明:a 是单精度浮点型变量,有效位数只有 7 位,而整数部分已占 5 位,故小数点后 2 位之后的数字均为无效数字。b 是双精度浮点型变量,有效位数为 16 位,但 C 语言编译环境规定小数点后最多保留 6 位,其余部分四舍五入。

2.2.2.5 字符型变量

字符型变量的关键字为 char,占一个字节的内存空间。字符型变量用来存储字符常量即单个字符,当把字符放入字符变量中,字符变量的值就是该字符的 ASCII 码值。

1. 字符型变量的存储

前面提到字符型变量用来存储字符常量,将一个字符常量存储到字符变量中实际上是将该字符的 ASCII 码值存储到内存单元中。例如:

```
char  ch1, ch2;               //定义 ch1、ch2 两个字符型变量
ch1= 'c';  ch2= 'd';          //给字符型变量赋值
```

查表可知小写字母 c、d 的 ASCII 码值分别为 99、100,因此在内存中字符型变量 ch1、ch2 的值如图 2-2 所示。

ch1	ch2
99	100

(a) 十进制形式

ch1	ch2
01100101	01100110

(b) 二进制形式

图 2-2　字符型变量 ch1、ch2 在内存中的存储形式

2. 特性

字符型数据在内存中存储的是字符的 ASCII 码值(一个无符号整数),其形式与整数的存储形式一样,所以 C 语言允许字符型数据与整型数据通用。

(1) 一个字符型数据既可以以字符形式输出,也可以以整数形式输出。

【例 2-4】 字符型变量的字符形式输出和整数形式输出。

```
main ()
{
    char ch1,ch2;
    ch1:= 'A';ch2= 'a';
      printf ("ch1= % c, ch2= % c\n", ch1, ch2) ;
```

```
        printf ("ch1= % d, ch2= % d\n",ch1, ch2) ;
    }
```

程序运行结果为：

```
    ch1= A   ch2= a
    ch1= 65  ch2= 97
```

（2）允许对字符型数据进行算术运算，也就是对它们的 ASCII 码值进行算术运算。

【例 2 - 5】 字符型数据的算术运算。

```
main ()
{
    char ch1,ch2;
    ch1= 'a';ch2= 'B';
    printf ("ch1= % c, ch2= % c\n", ch1- 32, ch2+ 32) ;
}
```

程序运行结果为：

```
    ch1= A   ch2= b
```

2.2.3 空类型数据

此处特别介绍一种特殊的数据类型：空类型。C 语言经常使用函数，当函数被调用完后，通常会返回一个函数值。函数值也有一定类型，比如：

```
int add()                       //将函数定义为整型数据
{
    int sum;
    sum= 12345+76543;
    return sum;                 //返回计算值
}
```

函数 add() 返回一个整型数据，就是说该函数是整型函数。但常常有些函数不需要返回值，例如，LED 流水点亮控制程序中的延时函数：

```
void  delay()                   //用 void 说明该函数为空类型，即无返回值
{
    unsigned int x;
    for(x= 0;x< 2000;x+ + )
        ;
}
```

这种函数就称为空类型函数，其类型说明符为 void。

第3章 运算符与表达式

上一章介绍了 C 语言的基本数据类型,本章将介绍 C 语言怎样操作这些数据,也就是介绍运算符与表达式。C 语言具有丰富的运算符,除控制语句和输入/输出函数外,其他所有的基本操作都作为运算符处理。

C 语言的运算符可分为以下几类:

(1) 算术运算符:用于数值间的运算,有加(+)、减(-)、乘(*)、除(/)、求余(%)、自增(++)、自减(- -)。

(2) 关系运算符:用于比较运算,有大于(>)、小于(<)、等于(==)、大于等于(>=)、小于等于(<=)、不等于(! =)。

(3) 条件运算符:条件运算符为三目运算符,用于条件求值,后文会有具体说明。

(4) 逻辑运算符:用于逻辑运算,有与(&&)、或(||)、非(!)三种。

(5) 位运算符:参与运算的量按照二进制位进行运算,包括按位与(&)、按位或(|)、取反(~)、按位异或(∧)、左移(<<)、右移(>>)。

(6) 赋值运算符:用于赋值运算,分为简单赋值运算符(=)、复合算术赋值运算符(+=、-=、*=、/=、%=)和复合位赋值运算符(&=、|=、∧=、>>=、<<=)三类。

下面简单介绍一下表达式。用运算符和括号将常量、变量、函数等运算对象连接起来的、符合 C 语言语法规则的式子称为表达式。单个的常量、变量或函数可以看作表达式的一种特例。由单个常量、变量或函数构成的表达式称为简单表达式,其他表达式称为复杂表达式。

C 语言规定了运算符的优先级和结合性。在表达式中,优先级较高的运算符先于优先级较低的运算符进行运算,当在一个运算对象两侧的运算符的优先级相同时,按运算符的结合性所规定的结合方向处理。所谓结合性是指当一个运算对象两侧的运算符具有相同的优先级时,该运算对象是先与左边的运算符结合,还是先与右边的运算符结合。

自左至右结合称为左结合性,反之称为右结合性。除单目运算符、条件运算符和赋值运算符具有右结合性外,其他运算符都具有左结合性。

3.1 算术运算符及其表达式

3.1.1 算术运算符

C 语言中的算术运算符有:加(+)、减(-)、乘(*)、除(/)、求余(%)几种,是进行算术运算的操作符。在使用 C 语言编程的过程中,经常需要进行数值计算,此时就会用到算术运算符及其表达式。算术运算符的功能如表 3-1 所示。

表 3-1　算术运算符及其功能

运算符	实现功能	说明
＋	加法运算	加法运算符或正值运算符
－	减法运算	减法运算符或负值运算符
*	乘法运算	乘法运算符
/	除法运算	除法运算符
%	求余运算	求余运算符

算术运算符的优先级规定为:先乘、除、求余,后加、减,括号优先。在算术运算符中,乘、除、求余运算符的优先级相同,并高于加、减运算符。在表达式中若出现括号,则括号中内容的优先级最高。

例如,定义如下两个整型变量 x 和 y:

```
int x= 4;
int y= 2;
```

然后进行算术运算,得出的结果分别如下:

① x＋y 即求 4＋2,结果为 6;

② x－y 即求 4－2,结果为 2;

③ －y 即求 2 的负数,结果为－2;

④ x＊y 即求 4×2,结果为 8;

⑤ x/y 即求 4÷2,结果为 2;

⑥ x%y 即求 4÷2 的余数,结果为 0。

说明:在 C 语言中,进行除法运算时要考虑运算对象的数据类型。若相除的两个数为浮点型或者至少有一个为浮点型,则运算结果也为浮点型;若相除的两个数为整型,则运算结果也为整型,比如 2/5 的结果是 2,而不是 2.5,即运算结果取了整数部分。

此外,求余运算要求参加运算的两个数必须为整型数据,运算结果为它们的余数,例如 a＝9%8,则 a＝1。

C 语言中还有自增运算符和自减运算符,如表 3-2 所示。

表 3-2　自增运算符和自减运算符

运算符	实现功能	示例(设 x 的初始值为 2)
x＋＋	先用 x 本身的值再加 1	y＝ x＋＋;//y＝2,x＝3
＋＋x	先将 x 本身的值加 1 再用 x 的值	y＝＋＋x;//y＝3,x＝3
x－ －	先用 x 本身的值再减 1	y＝x－－;//y＝2,x＝1
－ －x	先将 x 本身的值减 1 再用 x 的值	y＝－ －x;//y＝1,x＝1

说明:自增运算符用于进行自增(加 1)运算,自减运算符用于进行自减(减 1)运算,包括 x++(x 先计算后自加 1)、++x(x 先自加 1 后计算)、x——(x 先计算后自减 1)、——x(x 先减 1 后计算)

自增、自减运算常用于循环语句以及指针变量中,它使循环控制变量加(或减)1,或使指针向下(或向上)移动一个地址。

自增、自减运算符不能用于常量表达式,例如 3++、++(a+b)都是非法的。

在表达式中,同一变量连续进行自增或自减运算时很容易出错,所以编程时应尽量避免。

算术运算符在使用时需要注意以下几点:

(1) 加、减、乘、除和求余运算符为双目运算符,它们要求有两个运算对象。

(2) 参与运算的两个运算对象,如果都是整型数据,其结果也为整型数据,小数位被舍去;如果两个运算对象中有一个是浮点型数据,其结果也为浮点型数据。

(3) 求余运算符的两个运算对象必须为整型数据。

(4) 自增、自减运算符只能针对变量使用,不能用于常量表达式。

3.1.2 算术表达式

所谓算术表达式,是指表达式中的运算符都是算术运算符。例如,3+6*9、(a+b)/2-1 都是算术表达式。算术表达式的求值规则如下:

(1) 按照运算符的优先级次序执行。例如,先乘除后加减。

(2) 如果在一个运算对象两侧的运算符的优先级相同,则按 C 语言规定的结合方向(结合性)进行。比如,算术运算符的结合方向是自左至右,则在执行"a-b+c"运算时,变量 b 先与减号结合,执行"a-b"运算,再执行"+c"运算。

假设定义了两个整型变量 a 与 b,如下所示:

```
int a= 4;
int b= 2;
```

然后进行下面的运算:

$$a*(b-a)= 4\times(2-4)=-8, \quad a+2*b=4+2\times2=8$$

请读者编程实践,体会一下算术运算符与表达式的用法。

3.2 关系运算符及其表达式

3.2.1 关系运算符

如前文所述,算术运算符完成数值计算,但除了数值计算,在使用 C 语言编程时还需要进行关系运算,这就需要用到关系运算符。

关系运算符反映的是两个表达式之间的大小关系,关系运算即比较运算,是对两个值进行比较,判断其结果是否符合给定的条件。C语言中的关系运算符有6种,如表3-3所示。

表 3-3　关系运算符

运算符	实现功能	示例(设 a=2,b=3)
<	小于	a<b;//返回值1
>	大于	a>b;//返回值0
<=	小于等于	a<=b;//返回值1
>=	大于等于	a>=b;//返回值0
!=	不等于	a!=b;//返回值1
==	等于	a=b;//返回值0

3.2.2　关系表达式

当两个表达式(可以是算术表达式、关系表达式、逻辑表达式、赋值表达式或字符表达式等)用关系运算符连接起来时,称之为关系表达式。

关系表达式的一般形式如下:

表达式1　　关系运算符　　表达式2

例如,6>4,2>3都是关系表达式。

关系运算符的优先级规定为:<、>、<=、>=的优先级相同,== 和!=的优先级也相同,但前4种的优先级高于后2种。关系运算符的优先级低于算术运算符,但高于赋值运算符。在关系表达式中若出现括号,则括号中内容的优先级最高。例如:a>b+c 等效于a>(b+c),a>b!=c 等效于(a>b)!=c,c==a<b 等效于c==(a<b),c=b>a 等效于c=(b>a)。

3.2.3　关系表达式的值

关系表达式用来判别某个条件是否满足,其值是一个逻辑值(非"真"即"假")。因为使用C语言编程,而C语言中没有逻辑型数据,所以用整数1表示逻辑真,用整数0表示逻辑假。例如,假设 a=3,b=4,c=5,则:

(1) a>b 的值为0,因为3>4这个关系不成立。

(2) a<b<c 的值为1,因为a<b的值为1,1<3这个关系成立。

3.3　逻辑运算符及其表达式

在C语言编程中,还有一种真与假之间的运算——逻辑运算。在了解逻辑运算之前需要先了解逻辑运算符。

3.3.1　逻辑运算符

逻辑运算符用于求条件式的逻辑值,有三种:逻辑与(&&)、逻辑或(||)、逻辑非(!),如表 3-4 所示。

表 3-4　逻辑运算符

运算符	实现功能	示例(设 a＝2,b＝3)
&&	逻辑与	a&&b;//返回值为1
||	逻辑或	a||b;//返回值为1
!	逻辑非	!b;//返回值为0

逻辑运算符常用来判断某个条件是否满足,其运算结果只有真和假两种,真值为1,假值为0。逻辑运算符的运算规则如下:

(1) &&:当且仅当两个运算对象的值都为真时,运算结果为真,否则为假。

(2) ||:当且仅当两个运算对象的值都为假时,运算结果为假,否则为真。

(3) !:当运算对象的值为真时,运算结果为假;当运算对象的值为假时,运算结果为真。

3.3.2　逻辑表达式

用逻辑运算符将关系表达式或运算对象连接起来就是逻辑表达式,其运算结果只有真和假两种,用 1 表示真,用 0 表示假,即当逻辑条件满足时为真,不满足时为假。在 C 语言中,用逻辑表达式表示多个条件的组合,逻辑表达式的一般形式为:

表达式 1　逻辑运算符　表达式 2

例如:(5<1)||(2>3)。表达式 1、表达式 2 也可以是逻辑表达式。

逻辑运算符的优先级规定为:逻辑非(!)的优先级最高,算术运算符次之,关系运算符排其后,然后是逻辑与(&&)和逻辑或(||),赋值运算符的优先级最低。

例如,对于表达式(25>80)&&(4<8),因为 25>80 为假,4<8 为真,表达式可化为 0&&1,所以根据运算规则,得运算结果为 0。

又如,对于表达式(25>80)||(4<8),因为 25>80 为假,4<8 为真,表达式可化为 0||1,所以根据运算规则,得运算结果为 1。

再如,对于表达式!(3>8),因为 3>8 为假,表达式可化为!0,所以根据运算规则,得运算结果为 1。

3.4　位运算符及其表达式

在单片机编程中往往需要控制单片机本身的状态,因此经常会对单片机的硬件进行操作,如对寄存器的操作、对 I/O 端口的操作等。在 MCS-51 系列单片机中,这些寄存器都是以 8 位为 1 字节存储的,通过位运算能够改变寄存器中的多个值。

C 语言提供了位运算功能。程序中的所有数据在内存中都是以二进制的形式存储的,位运算就是直接对数据在内存中的二进制位进行操作。位运算符有:按位与(&)、按位或(|)、按位异或(∧)、取反(~)、左移(<<)、右移(>>)。参与位运算的数据类型只能是整型或字符型,不能为浮点型。C 语言提供的位运算符如表 3-5 所示。

表 3-5 位运算符

运算符	实现功能	格式
~	按位取反	~表达式
<<	位左移	表达式 1<<表达式 2
>>	位右移	表达式 1>>表达式 2
&	按位与	表达式 1& 表达式 2
∧	按位异或	表达式 1∧表达式 2
		按位或	表达式 1|表达式 2

说明:

(1) 位运算符中,除了取反运算符,其余均为二目运算符。

(2) 运算对象只能是整型或字符型数据,不能为浮点型或结构体等(后续会有介绍)类型的数据。

(3) 6 个位运算符按优先级由高到低的顺序排列依次为:取反、左移、右移、按位与、按位异或、按位或。

(4) 两个不同长度的数据进行位运算时,系统将按右端对齐进行。

1. 按位与运算符(&)

按位与运算符的功能是将参与运算的两个数各对应的二进制位相与。参与运算的两个数均以补码形式出现。按位与运算符的运算规则为:参与运算的两个数相应的二进制位都为 1,则该位的值为 1,否则为 0,即有 0 为 0,全 1 为 1。例如,计算 25&77,则:

$$
\begin{array}{r}
x \quad 00011001 \\
\& \quad y \quad 01001101 \\
\hline
00001001
\end{array}
$$

将二进制数 00001001 化为十进制数,其结果为 9,所以 25&77 = 9。

2. 按位或运算符(|)

按位或运算符是双目运算符,其功能是将参与运算的两个数各对应的二进制位相或。参与运算的两个数均以补码形式出现。按位或运算符的运算规则为:参与运算的两个数相应的二进制位中只要有一个为 1,则该位的值为 1,即有 1 为 1,全 0 为 0。例如,计算 25|77,则:

$$
\begin{array}{r}
x \quad 00011001 \\
| \quad y \quad 01001101 \\
\hline
01011101
\end{array}
$$

将二进制数 01011101 化为十进制数,其结果为 93,所以 25|77 = 93。

3. 按位异或运算符(∧)

按位异或运算符是双目运算符,其功能是将参与运算的两个数各对应的二进制位相异或。参与运算的两个数均以补码形式出现。按位异或运算符的运算规则为:若参与运算的两个数相应的二进制位相同,则该位的值为 0,否则为 1。例如,计算 25∧77,则:

$$
\begin{array}{r r}
\text{x} & 00011001 \\
\wedge\quad\text{y} & 01001101 \\
\hline
& 01010100
\end{array}
$$

将二进制数 01010100 化为十进制数,其结果为 84,所以 25∧77 = 84。

再比如:假设 a=3,即 011B;b=4,即 100B。现在进行以下运算:

```
a=a ^ b; //即 111 = 011 ^ 100
b=b ^ a; //即 011 = 100 ^ 111
a=a ^ b; //即 100 = 111 ^ 011
```

运算结果为:a=100B,即 4 ;b = 011B,即 3。

4. 取反运算符(∼)

取反运算符是单目一元运算符,用来对一个二进制数按位取反,即将 0 变 1,将 1 变 0。例如,若 a=0xff,即 a=11111111,对 a 进行取反运算,则∼a = 00000000。

5. 左移运算符(<<)

左移运算符是双目运算符,其功能是把运算符左边的数的各二进制位全部左移若干位,由运算符右边的数指定移动位数,移动过程中高位丢弃,低位补 0。

6. 右移运算符(>>)

右移运算符是双目运算符,其功能是把运算符右边的数的各二进制位全部右移若干位,由运算符左边的数指定移动位数,移动过程中低位丢弃,高位补零。有符号数在右移时,符号位随同移动。当运算对象为正数时最高位补 0,而为负数时最高位补 1。

在使用位运算符时要注意以下几点:

(1)位运算符的作用是按位对变量进行运算,但并不会改变参与运算的变量的值。例如:

```
char a, b ;
a= 0x00 ;
b= ~a ;
```

执行完上述代码后,a 的值仍然是 0x00,而 b 的值是 0xff。

(2)不能对浮点数进行位运算。

3.5　赋值运算符及其表达式

赋值运算符是 C 语言编程中最常用的运算符之一,其作用是将一个表达式的值赋给一个变量。赋值符号"＝"就为赋值运算符,实现将一个表达式的值赋给一个变量。由赋值运算符将一个变量和一个表达式连接起来的表达式称为赋值表达式。

赋值表达式的一般形式如下:

变量 ＝ 表达式

例如:

```
x= 3;              //表示将数值 3 赋给变量 x
```

若表达式的数据类型与被赋值变量的数据类型不一致,但都是数值型或字符型时,操作系统会自动将表达式的值的数据类型转化成被赋值变量的数据类型,然后将值赋给变量。

例如:

```
x= (float)7/2 ;                //将表达式的值 3.5 赋给变量 x,输出结果为 3.5
```

注意:

(1) 被赋值的变量必须是单个变量,且必须在赋值运算符的左边。

(2) 赋值表达式允许出现在除赋值语句外的其他语句(如循环语句)中。

在赋值符号"＝"之前加上其他双目运算符可构成复合赋值运算符,包括:＋＝、－＝、＊＝、/＝、％＝、＜＜＝、＞＞＝、＆＝、∧＝、|＝。

复合赋值表达式的一般形式如下:

变量 双目运算符＝表达式

等同于:

变量＝变量 运算符 表达式

例如:a＋＝3 等同于 a＝a＋3。

使用复合赋值运算符,在编程时有利于编译处理,提高编译效率,产生质量较高的目标代码,如表 3-6 所示。

表 3-6　复合赋值运算符示例

a＋＝b;//等同于 a＝a＋b;	a－＝b;//等同于 a＝a－b;
a＊＝b;//等同于 a＝a＊b;	a/＝b;//等同于 a＝a/b;
a％＝b;//等同于 a＝a％b;	a＜＜＝b;//等同于 a＝a＜＜b;
a＞＞＝b;//等同于 a＝a＞＞b;	a＆＝b;//等同于 a＝a＆b;
a∧＝b;//等同于 a＝a∧b;	a|＝b;//等同于 a＝a|b;

3.6 条件运算符及其表达式

条件运算符"?"是C语言中唯一的一个三目运算符,它要求有3个运算对象,将3个表达式连接构成一个条件表达式,其一般形式为:

逻辑表达式? 表达式1:表达式2

其功能是先计算逻辑表达式的值,如果值为真,将表达式1的值作为整个条件表达式的值;如果值为假,将表达式2的值作为整个条件表达式的值。条件表达式中逻辑表达式的类型可以与表达式1和表达式2的类型不同。

下面看几个运算符与表达式在单片机编程中的应用实例。

【实例1】 用自增运算控制P0口的8位LED灯闪烁花样。

本实例用自增运算控制P0口的8位LED灯的闪烁花样,所采用的电路原理图如图3-1所示。

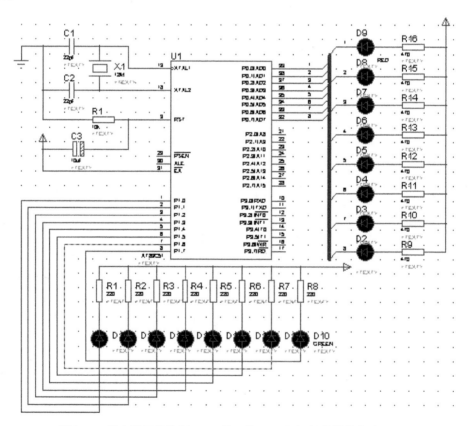

图3-1 用自增运算控制P0口的8位LED灯闪烁花样的电路原理图

1. 实现方法

只要送到 P0 口的数值发生变化,P0 口 8 位 LED 灯的点亮状态就会发生变化。先将变量的初值送到 P0 口延时一段时间,再利用自增运算使变量的值加 1,然后将新的变量值送到 P0 口并延时一段时间,依此类推,即可使 8 位 LED 灯的闪烁花样不断变化。

2. 程序设计

先创建文件夹,可以自定义文件夹名,此处命名为"e1",然后创建"e1"工程项目,最后创建源程序文件"e1.c",输入以下源程序:

```
#  include: <reg51.h>
/**********************************
   函数功能:延时一段时间
**********************************/
void delay (void)
{
    unsigned int i;
    for (i= 0;1< 20000;1++)
        ;


}
/**********************************
   函数功能:主函数
**********************************/
void main(void)
{
    unsigned char i;            //定义无符号字符型变量,其值不能超过 255
    for (i=0;1< 255;1++)        //用自增运算符使 i 的值改变
    {
        P0= i;                  //将 i 的值送至 P0 口
        delay () ;              //调用延时函数
    }
}
```

3. 用 Proteus 软件仿真

以上程序代码经 Keil 编译器编译通过后,可利用 Proteus 软件进行仿真。在 Proteus ISIS工作环境中绘制好图 3 - 1 所示电路原理图,然后将编译好的"e1.hex"文件载入 AT89C51,启动仿真,即可看到 P0 口 8 位 LED 的闪烁花样不断变化。

4. 用实验板实验

程序仿真无误后,将"e1"文件夹中的"e1.hex"文件烧录到 AT89C51 芯片中,再将烧录好的单片机芯片插入实验板上,通电运行即可看到和仿真类似的实验结果。

【实例 2】　用 P0 口和 P1 口分别显示加法和减法的运算结果。

本实例利用单片机实现"60+43"和"60−43"两个运算,并将加法运算结果送至 P1 口显示,将减法运算结果送至 P0 口显示。本实例采用的电路原理图如图 3 - 2 所示。

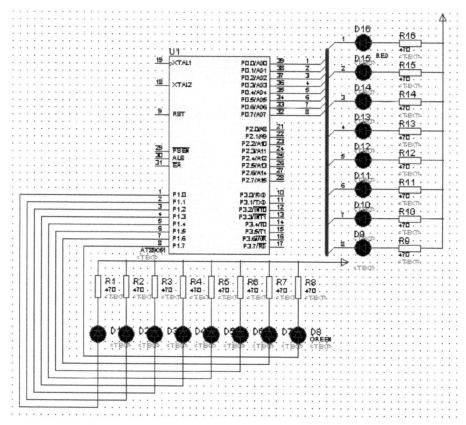

图 3-2　用 P0 口和 P1 口分别显示加法和减法运算结果的电路原理图

1. 实现方法

设置两个无符号变量 n 和 m,并将其分别赋值为 60 和 43,然后直接将 n+m 和 n−m 的运算结果分别送至寄存器 P1 和 P0。

2. 程序设计

先创建文件夹,命名为"e2",然后创建"e2"工程项目,最后创建源程序文件"e2. c",输入以下源程序:

```
// 实例:用 P0 口和 P1 口分别显示加法和减法运算结果
# include< reg51.h>
void main (void)
{
    unsigned char m,n;  //定义无符号字符型变量
    m=43;               //m 赋值为 43
    n=60;               //n 赋值为 60
    P1= n+m;            //P1=103=01100111B,结果 P1.3、P1.4、P1.7 口的 LED 被点亮
    P0= n-m;            //P0=17=00010001B,结果 P0.0、P0.4 口的 LED 灯熄灭
    while(1)
        ;               //无限循环,防止程序"跑飞"
}
```

3. 用 Proteus 软件仿真

以上程序代码经 Keil 编译器编译通过后,可利用 Proteus 软件进行仿真。在 Proteus ISIS工作环境中绘制好图 3－2 所示电路原理图,然后将编译好的"e2. hex"文件载入 AT89C51,启动仿真,即可看到 P1. 3、P1. 4、P1. 7 引脚的 LED 灯被点亮,表明 P1＝ 01100111B＝0x67＝6×16＋7＝96＋7＝103,与 60＋43＝103 的预期结果相同。P0 口的输出结果请读者自行分析。

4. 用实验板实验

程序仿真无误后,将"e2"文件夹中的"e2. hex"文件烧录到 AT89C51 芯片中,再将烧录好的单片机芯片插入实验板上,通电运行即可看到和仿真类似的实验结果。

【实例 3】 用 P0 口显示逻辑与运算结果。

本实例用 P0 口显示逻辑与表达式(4＞0)＆＆(9＞0xab)的运算结果,所采用电路原理图如图 3-2 所示。

1. 实现方法

逻辑表达式的运算过程是(4＞0)＆＆(9＞0xab)＝1＆＆0＝0,直接将这个值送到 P0 口即可(8 位 LED 灯将被全部点亮)。

2. 程序设计

先创建文件夹"e3",然后创建"e3"工程项目,最后创建源程序文件"e3. c",输入以下源程序:

```
//实例:用 P0 口显示逻辑与运算结果
#  include< reg51.h>
void main (void)
{
    P0= (4>0)&&(9>0xab) ;  //将逻辑运算结果送至 P0 口
    while (1)
        ;                   //无限循环,防止程序"跑飞"
}
```

3. 用 Proteus 软件仿真

以上程序代码经 Keil 编译器编译通过后,可利用 Proteus 软件进行仿真。在 Proteus ISIS工作环境中绘制好图 3 － 2 所示电路原理图,然后将编译好的"e3. hex"文件载入 AT89C51,启动仿真,即可看到 P0 口 8 位 LED 灯全部点亮,仿真效果图略。

4. 用实验板实验

程序仿真无误后,将"e3"文件夹中的"e3. hex"文件烧录到 AT89C51 芯片中,再将烧录好的单片机芯片插入实验板上,通电运行即可看到和仿真类似的实验结果。

【实例 4】 用 P0 口显示条件运算结果。

本实例用 P0 口显示条件表达式(8＞4)? 8:4 的运算结果,所采用的电路原理图如图 3-2 所示。

1. 实现方法

条件表达式(8＞4)? 8:4 的运算过程:先判断条件 8＞4 是否满足,若满足,取 8 作为运算结果,否则取 4 作为运算结果。显然本实例的运算结果为 8,直接将该结果送至 P0 口即可。

2. 程序设计

先创建文件夹"e4",然后创建"e4"工程项目,最后创建源程序文件"e4. c",输入以下源程序:

```
//实例: 用 P0 口显示条件运算结果
#  include<reg51.h>
void main (void)
{
    P0= (8>0) ? 8:4;        //将条件运算结果送至 P0 口,P0=8=00001000B
    while(1)                //无限循环,防止程序"跑飞"
        ;
}
```

3. 用 Proteus 软件仿真

以上程序代码经 Keil 编译器编译通过后,可利用 Proteus 软件进行仿真。在 Proteus ISIS工作环境中绘制好图 3 - 2 所示电路原理图,然后将编译好的"e4. hex"文件载入 AT89C51,启动仿真,即可看到 P0 口 8 位 LED 中,只有 P1.3 引脚的 LED 灯熄灭,其余 LED 灯均被点亮。所以,P0=00001000B=8,与预期结果相同,仿真效果图略。

4. 用实验板实验

程序仿真无误后,将"e4"文件夹中的"e4. hex"文件烧录到 AT89C51 芯片中,再将烧录好的单片机芯片插入实验板上,通电运行即可看到和仿真类似的实验结果。

【实例 5】 用 P0 口显示按位异或表达式 0xa2∧0x3c 的运算结果,所采用的电路原理图如图 3 - 2 所示。

1. 实现方法

按位异或运算的规则是"相异出 1,相同出 0"。据此,本例计算结果如下:

	0xa2	10100010
∧	0x3c	00111100
	0x9e	10011110

将结果送至 P0 口即可。因为 P0 = 10011110B = 0x9e,可以预计 P0.0、P0.5、P0.6 引脚的 LED 灯将被点亮,而其他 LED 灯均处于熄灭状态。

2. 程序设计

先创建文件夹"e5",然后创建"e5"工程项目,最后创建源程序文件"e5. c",输入以下源程序:

```
// 实例:用 P0 口显示按位异或运算结果
#  include<reg51.h>
void main (void)
{
    P0= 0xa2^0x3c;          //将按位异或运算结果送至 P0 口,P0= 10011110B=0x9e
```

```
while (1)
    ;                    //无限循环,防止程序"跑飞"
}
```

3. 用 Proteus 软件仿真

以上程序代码经 Keil 编译器编译通过后,可利用 Proteus 软件进行仿真。在 Proteus ISIS工作环境中绘制好图 3 - 2 所示电路原理图,然后将编译好的"e5. hex"文件载入 AT89C51,启动仿真,即可看到 P0.0、P0.5、P0.6 引脚的 LED 灯被点亮,其余 LED 灯均熄灭,与预期结果相同,仿真效果图略。

4. 用实验板实验

程序仿真无误后,将"e5"文件夹中的"e5. hex"文件烧录到 AT89C51 芯片中,再将烧录好的单片机芯片插入实验板上,通电运行即可看到和仿真类似的实验结果。

【实例 6】　用 P0 口显示左移运算结果。

本实例用 P0 口显示左移表达式 0x3b<<2 的运算结果,所采用电路原理图如图 3 - 1 所示。

1. 实现方法

左移表达式 0x3b<<2 的运算过程:先将 0x3b 转化为二进制数 00111011(由单片机自动完成),然后将所有二进制位左移 2 位。移动过程中,高位丢弃,低位补 0。按照此规则,00111011 左移两位后得到 11101100。将此结果送至 P0 口,使 P0.0、P0.1、P0.4 引脚的 LED 灯点亮,其余 LED 灯均处于熄灭状态。

2. 程序设计

先创建文件夹"e6",然后创建"e6"工程项目,最后创建源程序文件"e6. c",输入以下源程序:

```
//实例:用 P0 口显示左移运算结果
#  include< reg51.h>
void main(void)
{
    P0= 0x3b< < 2;        //将左移运算结果送至 P0 口,P0=11101100B=0xec
    while (1)
        ;                 //无限循环,防止程序"跑飞"
}
```

3. 用 Proteus 软件仿真

以上程序代码经 Keil 编译器编译通过后,可利用 Proteus 软件进行仿真。在 Proteus ISIS工作环境中绘制好图 3 - 2 所示电路原理图,然后将编译好的"e6. hex"文件载入 AT89C51,启动仿真,即可看到 P0.0、P0.1、P0.4 引脚的 LED 灯被点亮,其余 LED 灯均熄灭,与预期结果相同,仿真效果图略。

4. 用实验板实验

程序仿真无误后,将"e6"文件夹中的"e6. hex"文件烧录到 AT89C51 芯片中,再将烧录好的单片机芯片插入实验板上,通电运行即可看到和仿真类似的实验结果。

【实例 7】 用右移运算流水点亮 P1 口的 8 位 LED 灯。

本实例利用右移运算流水点亮 P1 口的 8 位 LED 灯,所采用的电路原理图如图 3-1 所示。

1. 实现方法

右移运算的规则是低位丢弃,高位补 0,所以可将 P1 口置为 0xff,即二进制数 11111111。那么将各二进制位右移一位,即经 P1=P1>>1 运算一次后,最高位将被补 0,而最低位的 1 将被丢弃,结果为 P1=01111111B,再将各二进制位右移一位,则 P1 = 00111111B……经 8 次右移运算后,P1=00000000B。待 8 位 LED 灯全部点亮后,重新将 P1 置为 0xff,如此循环,就可以流水点亮 P1 口的 8 位 LED 灯。

2. 程序设计

先创建文件夹"e7",然后创建"e7"工程项目,最后创建源程序文件"e7.c",输入以下源程序:

```
//用右移运算流水点亮 P1 口的 8 位 LED 灯
#  include< reg51.h>
/**********************************
函数功能:延时一段时间
**********************************/
  void delay (void)
  {
      unsigned int n;
        for (n=0;n<30000;n++)
            ;
  }
/**********************************
函数功能:主函数
**********************************/
void main (void)
{
    unsigned char i;
    while (1)
    {
        P1 = 0xff:
        delay()
        for (i=0;i<8;i++)          //循环次数设置为 8
        {
            p1= p1>>1;             //每次循环 P1 的各二进制位右移 1 位,高位补 0
            delay () ;             //调用延时函数
        }
    }
}
```

3. 用 Proteus 软件仿真

以上程序代码经 Keil 编译器编译通过后,可利用 Proteus 软件进行仿真。在 Proteus ISIS工作环境中绘制好图 3-2 所示电路原理图,然后将编译好的"e7.hex"文件载入

AT89C51,启动仿真,即可看到 P1 口的 8 位 LED 灯被循环流水点亮,与预期结果相同,仿真效果图略。

4. 用实验板实验

程序仿真无误后,将"e7"文件夹中的"e7. hex"文件烧录到 AT89C51 芯片中,再将烧录好的单片机芯片插入实验板上,通电运行即可看到和仿真类似的实验结果。

【实例 8】 用不同数据类型控制 LED 灯闪烁。

本例使用无符号整型数据和无符号字符型数据来设计延时函数,分别用于控制两个 LED 灯 D1 和 D2 的闪烁,从而研究这两类数据在单片机程序设计中的不同效果。

1. 实现方法

为比较无符号整数型数据和无符号字符型数据的使用效果,可将用它们设计的延时函数的循环次数设置得相同,然后比较其延时效果。由于电路原理图比较简单,此处省略。

2. 程序设计

先创建文件夹"e8",然后创建"e8"工程项目,最后创建源程序文件"e8. c",输入以下源程序:

```c
# include <reg51.h>  //包含单片机寄存器的头文件
/*********************************
函数功能:用整型数据延时一段时间
*********************************/
void int _delay(void) //延时一段较长的时间
{
    unsigned int m; //定义无符号整型变量,双字节数据,值域为 0~65535
    for(m=0;m<36000;m++)
        ;                         //空操作
}
/*********************************
函数功能:用字符型数据延时一段时间
*********************************/
void char_ delay(void) //延时一段较短的时间
{
    unsigned char i,j; //定义无符号字符型变量,单字节数据,值域为 0~255
        for(i=0;i <200;1++)
        for(j=0;j<180;j++)
        ;                         //空操作
}
/*********************************
函数功能:主函数
*********************************/
void main(void)
{
    unsigned char i;
    while(1)
    {
        for(i= 0;i<3;i++)
        {
```

```
        P1= 0xfe;                //P1.0引脚的 LED 灯被点亮
        int_delay(); //延时一段较长的时间
          P1 = 0xff; //熄灭
          int_delay(); //延时一段较长的时间
      }
    for(i= 0;i<3;i++)
    {
        P1= 0xef; //P1.4引脚的 LED 灯被点亮
        char_delay(); //延时一段较长的时间
        P1 = 0xff;//熄灭
        char_delay(); //延时一段较长的时间
    }
  }
}
```

3. 用 Proteus 软件仿真

以上程序代码经 Keil 编译器编译通过后,可利用 Proteus 软件进行仿真。在 Proteus ISIS工作环境中绘制好电路原理图,然后将编译好的"e8. hex"文件载入 AT89C51,启动仿真,即可看到 D1 的闪烁时间明显慢于 D2,即整型数据实现的延时函数的延时时间明显较长,仿真效果图略。

4. 用实验板实验

程序仿真无误后,将"e8"文件夹中的"e8. hex"文件烧录到 AT89C51 芯片中,再将烧录好的单片机芯片插入实验板上,通电运行即可看到和仿真类似的实验结果。

第4章　流程控制

C语言是一种结构化编程语言。结构化编程是以模块功能和处理过程为主,采用自顶向下的程序设计方法,程序执行过程中会因不同状况而选取不同的执行过程,这就是流程控制。结构化编程的流程控制分为条件判断、循环控制和无条件跳转三个类型。

4.1　条件语句

在设计C语言程序时往往要根据某些条件决定程序执行时的流向,这时就要用条件语句if来实现。使用条件语句if可以构成分支结构,它通过用户给定的条件进行判断,根据判断的结果决定执行不同的分支程序。

if语句由关键字if开始,后面跟随一个逻辑表达式,if语句根据该逻辑表达式的值来决定哪些语句会被执行。if语句可以单独使用,也可配合关键字else使用。下面首先介绍一下单分支if语句。

4.1.1　单分支if语句

单分支if语句的格式如下:
```
if(表达式)
{
    语句;
}
```
语句功能:首先计算表达式的值,若表达式的值为真(非0),则执行后面的语句;若表达式的值为假(0),则后面的语句不执行。若语句是复合语句,则需要为其加上花括号;若不是复合语句,则加不加都可以。单分支if语句的执行流程如图4-1所示。

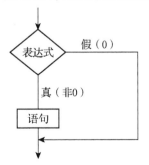

图4-1　单分支if语句的执行流程

【例 4 - 1】 定义两个整型变量 a 与 b,通过比较两者的大小,求出较大者。

```
int  a,b, max;
a= 3;                //a 赋初值为 4
b= 2;                //b 赋初值为 2
max = a;             //假设 a 是 a,b 两者中的较大值
if (a< b)            //判断 a 是否小于 b
{                    //如果表达式的值为真,执行后面的语句,b 就是最大值
   max = b;
}
```

解析:本例使用条件语句 if 判断变量 a 与 b 的大小,表达式为 a<b,根据例子中定义的 a 与 b 的值,此表达式 a<b 的值为假,因此不执行花括号内的语句。

```
if (a< b)    //由于 a 的值为 3,b 的值为 2,表达式 a< b 的值为假,不执行花括号内的语句
{   //条件表达式的值为假,不执行下面的 max= b;语句
   max = b;
}
```

若将变量 a 的初值赋值为 0,b 的值不变,即

```
a= 0;
b= 2;
```

那么此时,表达式 a<b 的值为真,因此需要执行花括号内的语句:

```
if (a< b);   //由于 a 的值为 0,b 的值为 2,表达式 a< b 的值为真,执行花括号内的语句
{   //表达式的值为真,执行下面的 max= b;语句
   max = b;
}
```

4.1.2　双分支 if 语句

由于单分支 if 语句只处理表达式的值为真的情况,但有时还需要处理表达式的值为假的情况,因此就需要用到双分支 if 语句。双分支 if 语句的格式如下:
语句格式:

 if(表达式)
  语句 1;
 else
  语句 2;

语句功能:和单分支 if 语句一样,首先计算表达式的值,若表达式的值为真(非 0),执行语句 1;若表达式的值为假(0),就跳过语句 1,执行语句 2。双分支 if 语句的执行流程如图 4 - 2 所示。

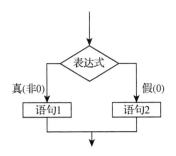

图 4－2　双分支 if 语句的执行流程

【**例 4－2**】　同样定义两个整型变量 a 与 b,同样通过比较两者的大小,求出较大者,体会本例与例 4－1 的区别。

```
......
int  a,b, max;
a= 3;
b= 2;
if (a< b);
{  //第一个程序段
  max = b;
  }
  else
{   //第二个程序段
   max = a;
}
```

解析:本例与例 4－1 的区别是本例没有在一开始给变量 max 赋值,表达式还是 a<b,根据表达式值的不同,分别进入两个不同的分支。a 的值为 3,b 的值为 2,表达式 a<b 的值为假,因此跳过第一个程序段,进入第二个程序段,执行关键字 else 后面的语句。

若为变量 a 赋初值 0,b 的值不变,即

```
int  a,b, max;
a= 0;
b= 2;
```

此时,表达式 a<b 的值为真,因此执行第一个程序段:

```
if (a< b);
{  //第一个程序段
   max = b;
  }
```

执行结果为 max＝2。

关于 if 语句的使用有以下三点需要说明:

(1) 无论是单分支 if 语句还是双分支 if 语句,关键字 if 后面都有表达式,这里的表达式一般为逻辑表达式或关系表达式。在执行 if 语句时应先对表达式求解,若表达式的值为 0,

按"假"处理;若表达式的值为非 0,按"真"处理,执行指定语句。

(2) 在双分支 if 语句中,关键字 else 前有一个分号,整个语句结束处有一个分号。应注意,虽然在 if...else 语句中出现了两个分号,但它们并不是两个语句而是同属于一个 if 语句。else 子句不能作为语句单独使用,它必须和 if 语句配对使用,不能够单独使用。

例如:

```
......
if(a< b)
    c= 8;
else
    c= 6;
```

(3) 在关键字 if 和 else 后面可以只含有一个内嵌的操作语句,也可以有多个操作语句,此时可以用花括号将几个语句括起来成为一个复合语句。但需要注意,在 else 上面的花括号"}"外面不需要再加上分号";"。其格式如下:

```
if(表达式)
{
    语句 1;
}
else
{
    语句 2;
}
```

例如:

```
if(a< b)
{t= a;a= b;b= t;}
```

在执行程序时,如果条件 a<b 满足,执行复合语句"{t=a;a=b;b=t;}";如果不满足,则跳过该复合语句,执行 else 后面的语句。

如果复合语句"t=a;a=b;b=t;"外面没有花括号"{ }",即

```
if(a< b)
    t= a;a= b;b= t;
```

则程序执行时,如果条件 a<b 满足,执行语句"t=a;";否则,不执行该语句。而"a=b,b=t;"属于后续语句,无论条件 a<b 是否满足都要执行。所以,当 if 内嵌的操作语句为多个操作语句时,一定要用花括号"{ }"括起来。

4.1.3 if...else if 语句

双分支 if 语句只能判断一个条件,如果有两个或多个条件需要判断时它就不能满足要求了,但 if...else if 语句可以解决这个问题。if...else if 语句的格式如下:

```
if(表达式 1)
    语句 1;
else if (表达式 2)
    语句 2;
else if(表达式 3)
    语句 3;
……
else if (表达式 m)
    语句 m;
else 语句 n;
```

语句功能:依次判断表达式 1～m 的值,当某一表达式的值为真时,则执行其相应语句,然后跳出整个 if 语句之外继续执行后续程序;如果所有表达式的值均为假时,则执行语句 n,然后跳出整个 if 语句之外继续执行后续程序。if...else if 语句的执行流程如图 4 - 3 所示。

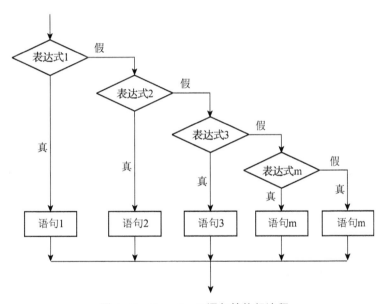

图 4 - 3　if...else if 语句的执行流程

例如:

```
if (a> 8)
    b= 3;
else if (a> 5)
    b= 2;
else if (a> 3)
    b= 1;
else
    b= 0;
```

如果 a 大于 8,则 b 等于 3;如果 a 不大于 8 但大于 5,则 b 等于 2;如果 a 不大于 5 但大于 3,则 b 等于 1;否则,b 等于 0。

【例 4 - 3】 定义一个变量 volt,在 volt 的取值范围内有多个判断,使用 if… else if 语句进行编程。

```
……//头文件
volt, level;
……
//代码段
……
if(3<volt<= 4)   //判断 volt 的值是否在 3 到 4 之间
{
   level= 1;
}
else if(4<volt<= 5)   //判断 volt 的值是否在 4 到 5 之间
{
   level= 2;
}
else if(volt>5)   //判断 volt 的值是否大于 5
{
   level=3;
}
else             //上述条件都不满足时执行下面的语句
{
   level= 0;
}
……
```

解析:定义变量后,代码段分为 4 种情况。

(1) 假设 volt 的值在 3 到 4 之间,第一个表达式(3<volt<=4)为真,则执行第一个表达式后面的语句:

```
level=1;
```

(2) 假设 volt 的值在 4 到 5 之间,第一个表达式为假,不执行第一个表达式后面的语句;第二个表达式(4<volt<=5)为真,于是执行第二个表达式后面的语句:

```
level=2;
```

(3) 假设 volt 的值大于 5,第一个表达式为假,不执行第一个表达式后面的语句;第二个表达式为假,不执行第二个表达式后面的语句;第三个表达式(volt>5)为真,于是执行第三个表达式后面的语句:

```
level=3;
```

(4) 如果以上条件全不满足,就执行关键字 else 后面的语句,即

```
level=0;
```

4.1.4　嵌套 if 语句

在实际编程中往往有这种情况:当满足条件 a 时,判断条件 b;当条件 a 不满足时,判断条件 c。在这种情况下就需要在 if 语句的分支中再嵌入 if 语句,这样就构成了 if 语句的嵌套。嵌套的 if 语句可以嵌套在 if 语句中,也可以嵌套在 else 语句中。嵌套 if 语句的一般格式如下:

```
if(条件 1)
{
    语句 1;
    if(条件 2)
    {
        语句 2;
        if(条件 3)
        {
            语句 3;
        }
        else if(条件 4)
        {
            语句 4;
        }
        else
        {
            语句 5;
        }
        ......
    }
    ......
}
```

此时,需要注意 if 和 else 的配对关系。else 总是与它上面最近的未配对的 if 配对。如果 if 与 else 的数目不一样,为实现程序设计者的意图,可以加花括号来确定配对关系。

前面在例 4-3 中对电压 volt 进行了评级,下面在例 4-4 会使用嵌套的方法来实现电压水平的判断。

【例 4-4】　在 volt 的取值范围内存在多个判断标准,现使用条件语句嵌套的方法来实现电压水平的判断。

```
float volt;
int level;
......
if(3<volt<= 5.5)   //电压值在 3 到 5.5 之间为正常处理流程
{
```

```
    if (volt<=4)   //电压值小于等于 4
    {
       level=1;
    }
    else if (volt<=5)    //电压值小于等于 5
    {
       level=2;

       else if   (volt<=5.5)    //电压值小于等于 5.5
    {
       level=3;
    }
    }
else      //电压值不在范围内,进入异常处理流程
{
   level= 0
 ......
}
代码段 b
```

解析:定义变量后,代码段分为以下几种情况。

(1) 假设 volt 的值在 3 到 5.5 之间,表达式(3<volt<=5.5)的值为真,继续执行正常处理流程中的代码。

① 假设 volt 的值小于等于 4,表达式(volt<=4)的值为真,则执行后面的语句

```
level= 1;
```

② 假设 volt 的值小于等于 5,前面的条件表达式为假,表达式(volt<=5)的值为真,则执行后面的语句

```
level= 2;
```

③ 假设 volt 的值小于等于 5.5,表达式(volt<=5.5)的值为真,则执行后面的语句

```
level= 3;
```

(2) 假设 volt 的值不在 3 到 5.5 之间,表达式(3<volt<=5.5)的值为假,则程序跳到异常处理流程,执行 else 后面的语句

```
level= 0;
```

本例是在 if…else 语句中嵌套了 if…else if 语句。只有当 volt 的值在 3 到 5.5 之间时程序才会嵌套进来,通过嵌套语句中的三个条件表达式判断后,已经涵盖了变量 volt 所有正常取值空间,因此没有必要在使用 else 语句来处理所有条件都不满足的情况。读者可根据本例仔细体会 if 语句的嵌套。if 条件语句的使用方式比较灵活,读者可在后面的学习过程中慢慢熟悉它。

4.2　开关语句

switch 语句是 C 语言提供的一个专门用于处理多分支结构的条件选择语句，又称开关语句。if 语句只有两个分支可供选择，但在实际编程情况中需要用到多分支的选择。根据前文所述，多分支结构可采用嵌套 if 语句来完成，但如果分支较多，则嵌套 if 语句的层次较多，这样会造成程序冗长而且可读性低。因此，C 语言中采用 switch 语句直接处理多分支选择。

switch 语句的格式如下：

```
switch(表达式)
{
    case 常量表达式 1：    //如果常量表达式 1 满足，则执行语句 1
        语句 1；
    case 常量表达式 2：    //如果常量表达式 2 满足，则执行语句 2
        语句 2；
    case 常量表达式 3：    //如果常量表达式 3 满足，则执行语句 3
        语句 3；
        ……
    default :语句 n+1；
}
```

上述语句的功能是：计算表达式的值，然后将表达式的值逐个与 case 之后的常量表达式的值相比较，当表达式的值与某个 case 后常量表达式的值相等时，就执行其后的语句；如果表达式的值与所有 case 后常量表达式的值均不相等，则执行 default 后的语句。switch 语句的执行流程如图 4-4 所示。

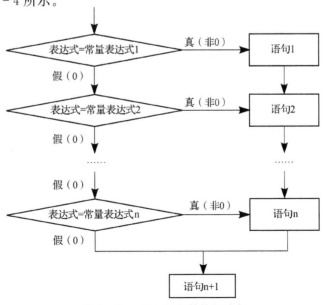

图 4-4　switch 语句的执行流程

case 后常量表达式后面的语句可以是单语句,也可以是复合语句。case 子句和 default 子句可以按任何顺序出现,但其本身不改变流程控制。执行完一个 case 子句后,控制流程转移到下一个 case 子句继续执行,不再判断,因此若希望执行完一个 case 分支后使流程跳出 switch 结构,终止 switch 语句的执行,可在 case 分支语句后加 break 语句来达到此目的。

带 break 语句的 switch 语句的格式如下:

```
switch(表达式)
{
    case 常量表达式 1:   //如果常量表达式 1 满足,则执行语句 1
        语句 1;
        break;   //执行完语句 1 后,使用 break 语句可使流程跳出 switch 结构
    case 常量表达式 2://如果常量表达式 2 满足,则执行语句 2
        语句 2;
        break;   //执行完语句 2 后,使用 break 语句可使流程跳出 switch 结构
    case 常量表达式 3:
        语句 3;
        break;   //执行完语句 3 后,使用 break 语句可使流程跳出 switch 结构
    ……
    default :   //默认情况下(条件都不满足时),执行语句(n+1)
        语句 n+1;
}
```

带 break 语句的 switch 语句的执行流程如图 4-5 所示。

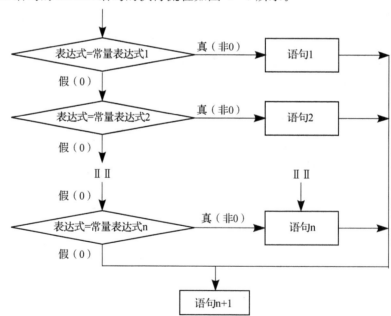

图 4-5 带 break 语句的 switch 语句的执行流程

带 break 语句的 switch 语句的执行流程与不带 break 语句的 switch 语句一样,只是在执行过程中,一旦遇到 break 语句就立即跳出 switch 结构,即终止 switch 语句的执行。

对于开关语句,有以下几点需要说明:

(1) switch 后面的表达式类型可以是整型常量或字符型常量。

(2) case 后面常量表达式的类型与 switch 后面表达式的类型一致。

(3) 每个 case 后面紧跟的常量表达式的值必须互不相同,否则就会出现两个或多个执行语句,即一个值会出现多个入口,导致程序出错。

(4) 在 case 后面可以包含多条语句,但可以不用花括号将它们括起来,系统会自动执行该 case 后面所有的语句。

(5) switch 结构可以做嵌套,即在一个 switch 语句中嵌套另一个 switch 语句,此时可以采用 break 语句迫使流程跳出 switch 结构,但 break 语句只能跳出内层 switch 结构。

【例 4 - 5】　使用 switch ... case 语句编程,根据电压水平(level)的不同,点亮不同的 LED。

```
int  level;  //电压水平
sbit  led0= P0^0;  //定义单片机引脚 P0.0 为发光二极管 led0,低电平有效
sbit  led1= P0^1;  //定义单片机引脚 P0.1 为发光二极管 led1,低电平有效
获取电压 level1
......
switch  (level)
{
case 0:              //level 为 0,则 led0 和 led1 都不亮
    led0= 1;
    led1= 1;
    break;
case1:               //level 为 1,则 led0 亮, led1 不亮
    led0= 0;
    led1= 1;
    break;
case2:               //level 为 2,则 led0 不亮, led1 亮
    led0= 1;
    led1= 0;
    break;
case3:               //level 为 3,则 led0 和 led1 都亮
    led0= 0;
    led1= 0;
    break;
default:             //如果都不符合,则熄灭所有 LED
    led0= 1;
    led1= 1;
}
```

解析:题中定义了两个特殊功能变量 led0 和 led1,分别对应单片机的 P0.0 和 P0.1 口,用来控制两个发光二极管,低电平有效。然后通过 switch 语句来判断 level 的值:

```
switch(level)
```

（1）如果 level 的值为 0，程序执行第 1 个 case 后的语句，将两个 led 全部关闭：

```
case 0:           //level 为 0,则 led0 和 led1 都不亮
    led0= 1;
    led1= 1;
    break;
```

由于题中限定 P0 口低电平有效，因此关闭发光二极管的操作是 led0 和 led1 的值给予高电平，程序执行到 break 语句时跳出。

（2）如果 level 的值为 1，程序执行第 2 个 case 后的语句，led 0 点亮：

```
case1:            //level 为 1,则 led0 亮, led1 不亮
    led0= 0;
    led1= 1;
    break;
```

程序执行到 break 语句时跳出。

（3）如果 level 的值为 2，程序执行第 3 个 case 后的语句，led 1 点亮：

```
case2:            //level 为 2,则 led0 不亮, led1 亮
    led0= 1;
    led1= 0;
    break;
```

程序执行到 break 语句时跳出。

（4）如果 level 的值为 3，程序执行第 4 个 case 后的语句，led 0 和 led 1 都点亮：

```
case3:           //level 为 3,则 led0 和 led1 都亮
    led0= 0;
    led1= 0;
    break;
```

程序执行到 break 语句时跳出。

（5）如果以上条件都不满足，程序执行 default 后面的语句：

```
default:          //如果都不符合,则熄灭所有 LED
    led0= 1;
    led1= 1;
```

需要注意的是，关键字 case 和 default 是语句标号，后面需要加上冒号":"，这是关键语句的固定写法。开关语句需要靠 break 语句跳出整个结构，如果 case 分支下的代码段后面没有加 break 语句，那么程序会继续执行下面的 case 语句，直到遇到 break 语句后才跳出整个结构。

4.3　循环语句

4.3.1　循环的基本概念

在实际编程过程中常常会遇到一些需要重复处理的问题,用选择结构和顺序结构可以处理简单的、不会重复出现的问题,而对于一些需要重复处理的问题则需要采用循环结构。

在程序设计中循环结构(简称循环)是一种很重要的结构。循环是指在程序中从某处开始有规律地反复执行某一程序块的现象。

循环结构的三要素是循环变量、循环体和循环终止条件。通常把重复执行的程序块称为循环体。

C 语言提供了三种循环语句来实现循环结构,分别是:while 循环语句、do...while 循环语句和 for 循环语句。这三种循环语句都可以用来处理循环问题,一般情况下可以互相替代。

4.3.2　while 循环语句

while 循环结构是程序中一种很重要的结构。while 语句的一般格式为:

while(表达式)
{
　　语句;　　　/*循环体*/
}

while 语句的功能是:首先计算表达式的值,若其值为真(即非 0),则执行循环体语句;再次计算表达式的值,若为真,则继续执行循环体语句……依此类推,直到表达式的值为假(即 0)时循环结束,程序转至 while 循环结构的下一条语句。while 语句的特点是先判断、后执行,其执行流程如图 4-6 所示。

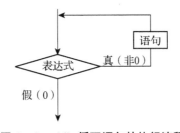

图 4-6　while 循环语句的执行流程

while 语句中的表达式一般是关系表达式或逻辑表达式,只要表达式的值为真(非 0)即可继续循环。

4.3.3 do...while 循环语句

do...while 循环结构类似于直到型循环结构,do...while 语句的一般格式为:

```
do
{
    语句;              /*循环体*/
}while(表达式);
```

do...while 循环语句的执行流程如图 4-7 所示。

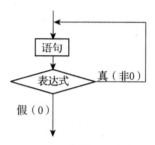

图 4-7 do...while 循环语句的执行流程

do...while 循环语句与 while 循环语句的不同在于:它先执行循环结构中的语句,然后再判断表达式是否为真,如果为真则继续循环;如果为假,则终止循环。因此,do...while 循环结构至少要执行一次循环语句。

一般情况下,用 while 语句和 do...while 语句在处理同一个问题时,若两者的循环体部分是一样的,它们的结果也一样。也就是说,当 while 语句和 do...while 语句具有相同的循环体并且 while 后面表达式的第一次计算结果为真时,两种循环得到的结果相同;否则,两种循环得到的结果不同。

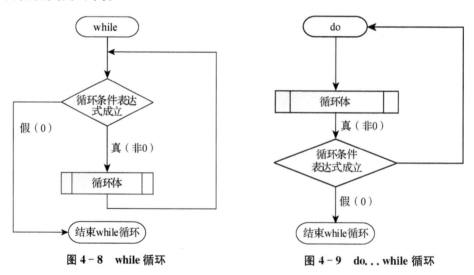

图 4-8 while 循环   图 4-9 do...while 循环

while 循环和 do...while 循环的执行流程分别如图 4-8 和图 4-9 所示。

while 循环的执行步骤如下:

（1）求循环条件表达式的值，如果值为真（非 0），则执行步骤（2）；如果值为假（0），跳出循环，则执行步骤（4）。

（2）执行循环体内部的语句。

（3）跳回步骤（1）重复执行。

（4）循环结束，执行循环体后面的语句。

do...while 循环的执行步骤如下：

（1）执行循环体内部的语句。

（2）求解循环条件表达式的值，如果值为真（非 0），则重复执行步骤（1）；如果值为假（0），则跳出循环，执行步骤（3）。

（3）循环结束，执行循环体后面的语句。

下面用两个简单的例子介绍循环语句怎么使用，读者可以体会两种循环语句的区别与联系。

【例 4-6】　用 while 语句求 $1+2+3+\cdots+10$ 的值。

```
......
void main (void)
{
    unsigned char i, sum;
    sum=0;
    i= 1;
    while (i<=10)
    {
        sum=sum+1
        i++;
    }
        P0= sum;        //将结果送至 P0 口显示
}
```

运行结果是：$1+2+3+\cdots+10=55$。

由本例可以看出，while 语句比较简洁，while 是专职循环语句，集检测循环控制条件及重复执行循环体功能于一身。

对于 while 语句，有以下两点需要说明：

（1）while 语句的循环体中必须出现使循环趋于结束的语句，若没有这样的语句就会出现死循环（循环永远不会结束）现象。

若将上例中的"i++"删除，那么 i 的值永远是 1，循环将进入死循环状态，循环永远不会结束。

（2）当循环体含有多条语句时，必须用花括号将多条语句括起来（如例 4-6 所示），使其成为一个复合语句，否则程序在执行过程中只把第一条语句作为循环体语句，因此只会执行第一条语句。

【例 4-7】　使用 do...while 语句求 $1+2+3+\cdots+10$ 的值。

```
......
void main (void)
{
    unsigned char i,sum;
    sum=0;
    i=1;
    do{
            sun= sum+1/ 注意:{}不能省,否则跳不出循环体
            1+ + ;
    } while (i< = 10)
```

运行结果是：1+2+3+…+10=55。

这两种编程方式的区别在于,while 语句首先判断循环条件是否成立,然后根据其结果选择是否执行循环体内部的语句；do…while 语句则不然,无论循环条件是否成立,都要先执行循环体,然后再判断循环条件是否成立。所以 while 语句也许一次都不会执行循环体,但是 do…while 语句至少要执行一次循环体。通过例 4-6 和例 4-7 可以看到,虽然两段代码的运行结果是一样的,但运行过程还是有区别的,读者需仔细体会两者的区别。

在实际编程过程中不会去给变量 i 赋一个不满足循环条件的初值,很多情况下变量 i 的值是通过动态获取或计算得到的,那么就有可能在一开始就不满足循环条件。所以,在今后的应用中,应根据实际需要来选择这两种循环语句,如果至少需要执行一次循环体,就用do…while 语句,否则一般情况下用 while 语句就可以了。

4.3.4 for 循环语句

在实际应用中,很多时候需要程序在预先设定的规则下重复执行,循环语句可以实现这样的功能,而 for 语句是 C 语言中最为灵活的一种循环语句,它能被方便地用在循环次数确定的问题中,而且可以用于只给定约束条件的情况下。

1. for 循环语句的格式和用法

循环语句就是能够在某种规则下,反复执行某一段代码的语句。如果没有循环语句,就需要把这一段代码反复编写很多次。如果使用循环语句,则只需要把重复运行的代码编写一次,然后用循环语句控制执行的次数就行。

使用循环语句时循环的次数是可控的,如可以通过设置让 A 执行循环体 100 次,让 B执行循环体 1 000 次。有时在编程时并不知道循环体到底要执行多少次,这时可以让程序自己计算循环次数。因此,循环语句除了需要进行条件判断之外,往往还要进行计算。

for 语句的格式如下：

```
for (表达式 1;表达式 2;表达式 3)
{
    语句;                    / * 循环体 * /
}
```

for 语句的执行流程如图 4-10 所示。

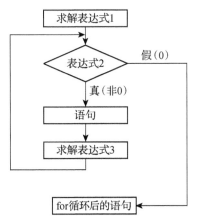

图 4 - 10 for 语句的执行流程

for 循环语句的执行步骤如下：

(1) 求解表达式 1。

(2) 求解表达式 2(多为条件表达式)，若值为真(非 0)，则继续执行步骤(3)；若值为假(0)，则跳出循环体，转到步骤(5)。

(3) 执行循环体，求解表达式 3(多为增量表达式)。

(4) 转到步骤(2)重复执行。

(5) 结束 for 循环，执行下一语句。

for 语句的简单应用形式如下：

```
for(int i= 1;i< = 8;i++)
   sum= sum+ 1;
```

等价于：

```
i= 1;
while(i<=100)
{
    sum= sum+1;
    i+ + ;
}
```

显然，用 for 语句实现循环更简单、方便，因此 for 语句也是用得最多的循环语句。

对于 for 语句，有以下几点需要说明：

(1) for 语句中的表达式 1、表达式 2、表达式 3 在一定的条件下都可以省略，但是表达式后面的分号";"不能省略。其中，当表达式 1 省略时，应在 for 语句之前给循环变量赋初值；当省略表达式 2 或表达式 3 时，应在程序中添加能保证循环正常结束的语句。例如：

```
for (i= 1;i< 10;i++)
```

若省略表达式 1，等价于：

```
i= 1;
for ( ; i <10; i++)
```

又如：

```
for ( i = 1; i <10 ; i++)
{
    sum = sum + i ;
}
```

若省略表达式 3,等价于：

```
for ( i=1; i<10 ; )
{
    sum =sum +i;
    i++;
}
```

(2) for 后面的括号后无";",除非循环语句是空语句。

(3) for 语句的循环体语句可以是单语句,也可以是用花括号括起来的复合语句。

(4) 表达式 1、表达式 2、表达式 3 可以是任意类型的表达式,它们可以与循环体有关,也可以与循环体无关。例如：

```
for( sum =0,i = 1;i <8; i++)
    sum = sum + i;
```

或

```
for( i =0, j=5; i<=j; i++; j++)
    k= j+i ;
```

下面,通过一个例子介绍一下 for 循环语句怎么使用。

【例 4-8】 有 10 个杯子,第一个杯子里面放 1 个球,第二个杯子里面放 2 个球,第三个杯子里面放 4 个球……以此类推,10 个杯子一共可以放多少个球?

```
……
int glass;               //杯子
int ball;                //球
int total;               //球的总数
……
ball= 1;                 //ball 的初值为 1
total= 0;                //总数初值为 0
for (glass = 0; glass< 10; glass ++)
{
    total+= ball ;       //总数= 上一次累加的总数 + 本次杯子里面的球数
    ball*=2;             //下一次杯子里面的球数= 本次的球数×2
}
```

解析:首先将 ball 和 total 初始化,然后进入 for 循环。

（1）求解表达式 1：glass ＝0。

（2）判断循环条件表达式 2：glass<10，执行循环体：

```
{
    total+ = ball ;              //总数= 上一次累加的总数 + 本次杯子里面的球数
    ball*=2;                     //下一次杯子里面的球数= 本次的球数×2
}
```

（3）求解表达式 3：glass＋＋。

（4）跳回步骤（2），累计执行循环 10 次后，glass 的值为 10，循环结束跳到步骤（5）。

（5）循环结束。

本例中循环条件表达式 glass<10 限定了 glass 的值在 0～10 之间，循环次数为 10，整个循环执行完之后，total 的值为 1023。

使用 for 循环语句时，要合理设置代表循环条件的 3 个表达式，如果这 3 个表达式使用不当，则有可能达不到预期的效果或陷入死循环。

下面再对 for 循环语句的几种特殊情况进行简单说明。所谓特殊情况实际上是 for 循环语句中的表达式 1、表达式 2 和表达式 3 部分或全部省略的情况，前面也稍稍提到了一点。

（1）三个表达式都省略的情况，例如：

```
for(  ;  ;  )
{
    语句1；
    语句2；
}
```

在以上 for 循环中表达式 1、表达式 2、表达式 3 均为空，表示没有初值，没有判断条件，没有增量变化，这是一个死循环，相当于 while(1)语句。

（2）表达式 1 省略，例如：

```
for( ;i<= 100;i++)
    sum=sum+i;
```

以上 for 循环中表达式 1 为空，对 i 不做初始值设置，i 的值取决于该程序前面的代码对 i 的处理。

（3）表达式 2 省略，例如：

```
for( i=1 ;  ;i++)
    sum= sum+i;
```

以上 for 循环中表达式 2 为空，不判断条件，那么该循环也是死循环。相当于：

```
i=1;
while(1)
{
    sum=sum+i;
    i++;
}
```

（4）表达式 1 和表达式 3 省略，例如：

```
for(;i<=10; )
{
    num= num+i;
    i++;
}
```

以上 for 循环中表达式 1 和表达式 3 为空，相当于：

```
while(i<=10)
{
    num=num+i;
    i++;
}
```

（5）for 循环中没有执行语句（循环体），例如：

```
for(i=0;i<8;i++)
{
    ;
}
```

以上 for 循环中无循环体，起到延时的作用，也可以简写为：

```
for(i= 0;i<8;i++);
```

2. 嵌套 for 循环语句

在使用 C 语言编程时会遇到在 for 循环语句的循环体中再次加入 for 语句，其格式如下：

```
for(初值表达式 1;循环条件表达式 1;更新表达式 1)    //循环 1
{
    循环体 1
    ……
    for(初值表达式 2;循环条件表达式 2;更新表达式 2)    //循环 2
    {
        循环体 2
        ……
    }
}
```

嵌套 for 循环语句的执行步骤如下：

（1）判断循环 1 是否满足条件，如果满足，执行循环体 1；如果不满足，则跳到步骤（7）。

（2）判断循环 2 是否满足条件，如果满足，执行循环体 2；如果不满足，则跳到步骤（5）。

（3）求解更新表达式 2。

（4）跳回步骤（2）重复执行。

（5）求解更新表达式 1。

（6）跳回步骤(1)重新执行。

（7）循环结束。

嵌套 for 循环语句的执行流程如图 4-11 所示。

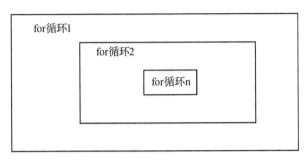

图 4-11　嵌套 for 循环语句的执行流程图

由图 4-11 可看出,嵌套 for 循环语句就像洋葱一样,for 循环语句的嵌套是从外层到内层,层次非常清楚,通过判断循环条件表达式的值一层层地进入,从最内层的循环开始执行,然后向外逐层跳出。下面来看一个嵌套 for 循环的例子。

【例 4-9】　假设单片机采用了 11.0592 MHz 的时钟频率,利用嵌套 for 语句实现简单的延时 1 s 功能。

```
unsigned int i,j;              //定义两个循环变量 i、j
for (i= 1000;i> 0;i-- )         //内层循环 1000 次
    for (j=110;j> 0;j-- )      //内层循环 110 次
        ;
```

在对这个例子进行说明之前先介绍三个知识点。

① 时钟周期:定义为时钟频率的倒数。

② 机器周期:单片机的基本操作周期,对于 STC89C51 系列的单片机来说,一个机器周期由 12 个时钟周期组成。

③ 指令周期:指单片机执行一条指令需要的时间,一个指令周期需要 1~4 个机器周期。一个 for 循环需要 8 个指令周期。

解析:本例定义两个无符号整型数 i 和 j,它们的取值范围是 0~65535。内层循环执行110 次:

```
for(j= 110;j>0;j--)            //内层循环 110 次
    ;
```

在 11.0592 MHz 时钟频率下,for 循环执行 110 次所消耗的时间 t_j 大约是:

$$t_j=110 \text{ 次} \times 8 \text{ 个周期指令} \times 1.085 \ \mu s=954.8 \mu s$$

接下来外层循环又将内层循环重复 1 000 次:

```
for (i= 1000;i>0;i-- )         //外层循环 1000 次
```

那么,全部执行完成花费的总时间 $T=1\,000\times(t_j+8\times1.085)=963.48$ ms,基本上实现了延时 1 s 的功能。在这个延时程序中,外层循环的变量是多少,这个嵌套 for 语句就延时大约多少毫秒。

4.4　无条件跳转语句

前面介绍了循环语句,本节介绍跳转语句 goto。goto 语句是一种无条件跳转语句,当程序执行到 goto 语句时就会强制跳转到指定的位置继续执行。goto 语句的格式如下:

　　　goto　　　语句标号;

　　　……

　　　语句标号:

语句标号是一个自定义的标识符,这个标识符后面加上一个冒号":",出现在当前程序的某一行。当程序执行"goto 语句标号;"后,就跳转到语句标号的位置,并执行后面的语句。下面举一个简单的例子,读者了解一下 goto 语句怎么使用。

【例 4-10】　一个机器人预计向 x、y 两个方向各行进 65535 步,行走途中只要在任意方向遇到障碍行动就停止。

```
unsigned  int x_remain, y_remain;    //定义 x、y 方向剩下的脚步
bit x_block, y_block;    //定义 x,y 方向的障碍标志,0 代表无障碍,1 代表遇到障碍
//预设 x、y 方向各 65535 步
x_remain = 0xffff;
y_remain = 0xffff;

//预设 x、y 方向无障碍
x_block = 0;
y_block= 0;
while ( x_remain > 0 && y_remain > 0)    //如果两个方向都没走完
{
    x 走一步;
    x_remain -- ;
    y 走一步;
    y_remain -- ;

    //如果任意一个方向遇到障碍,则跳出
    if(x_block || y_block)
        goto stop_walking;
}
stop_walking:
其他处理代码……
```

解析:本例将 x 方向和 y 方向的步数都预设为 65535(即十六进制数 0xffff)步,并假设

两个方向一开始都没有遇到障碍,于是程序顺利进入 while 循环内部执行,每执行一次两个方向各减少一步。

如果行进过程中一直没有遇到障碍,那么 x_block 和 y_block 的值都为假(0),机器人会一直走完 65535 步,然后跳出循环。如果在其中某一个方向遇到障碍,那么 x_block 和 y_block 中就会有一个值为 1,那么条件语句 if 的值就为真:

```
//如果任意一个方向遇到障碍,则跳出
if (x_block || y_block)
    goto stop_walking;
```

这时程序会执行条件语句 if 里面的语句"goto stop_walking;",然后跳到指定的标号"stop_walking",执行后面的代码:

```
stop_walking:
其他处理代码……
```

需要注意的是,无条件跳转语句只能从内层循环跳到外层循环,而不允许从外层循环跳到内层循环。由于 goto 语句会破坏程序的层次结构,过多使用会造成程序结构不清,因此在编程时的使用频率并不高。goto 语句对于从循环或多重嵌套中跳出的情况而言是很有用的。

4.5　中断语句

前面所介绍的三种循环:for 循环、while 循环、do...while 循环,都是在循环条件不成立时整个循环才结束。为了使编程时更加灵活,C 语言允许在特定条件成立时,使用 break 语句强行结束循环,或使用 continue 语句跳出此次循环。

1. break 语句

中断语句 break 的作用是打断当前正在执行的流程,然后跳到正在执行的代码段后面继续执行。前面在介绍 switch 语句时就已经用到了 break 语句,其作用是跳出 switch 语句,执行后面的语句。break 语句除了可以在 switch 语句中使用外,还可以用在循环体中。在循环语句的循环体中,只要遇到 break 语句,就立即结束循环,跳到循环体外部,执行后面的语句。

break 语句的格式如下:

```
break;
```

break 语句在 for、while、do...while 这三种循环语句的循环体中都可以使用,break 语句的执行流程如图 4-12 所示。

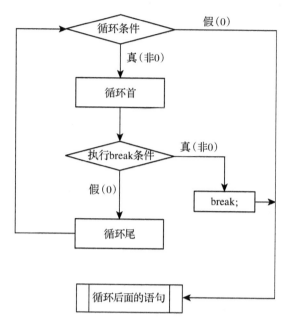

图 4 - 12　中断语句 break 的执行流程

例 4 - 10 中用 goto 语句跳出机器人行走的循环,用 break 语句同样也可以实现。

【例 4 - 11】　用 break 语句跳出例 4 - 10 中的 while 循环,体会与例 4 - 10 的不同。

```
while (x_remainb > 0&&y_remain > 0)   //两个方向都没走完
{
    x 走一步 ;
    x_remain -- ;
    y 走一步;
    y_remain -- ;
    //如果任意一个方向遇到障碍,则跳出
    if ( x_block || y_block )
        break;
}
其他代码段……
```

本例中将例 4 - 10 中使用的 goto 语句换成了 break 语句,去掉了循环体之外的"stop_walking:"。当没有遇到障碍时,循环体正常执行 65535 步,循环结束,执行后面的代码。如果在 x 或 y 任意一个方向遇到障碍,导致 x_block 或 y_block 为 1,就执行 break 语句,跳出循环。本例实现的功能与例 4 - 11 相同。

关于 break 语句有以下两点需要说明:

(1) 当在多层循环中遇到 break 语句时,只能终止并跳出所在层的循环结构,接着执行外层循环。

(2) break 语句不能用于循环语句和 switch 语句之外的任何其他语句之中。

2. continue 语句

上面介绍的 break 语句的作用是跳出循环,执行循环体后面的语句,下面介绍另外一个中断语句：continue。continue 语句的作用也是跳出循环，但是它只是跳出本次循环中剩余的部分，然后继续执行下一个循环，其语法格式如下：

  continue ;

continue 语句的功能是结束本次循环，即跳出循环体中剩余尚未执行的语句，接着执行下一次是否循环的判定。continue 语句的执行流程如图 4-13 所示。

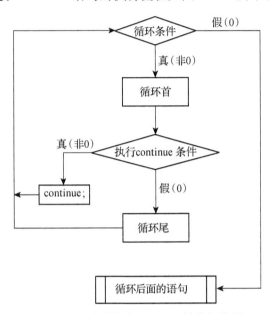

图 4-13　中断语句 continue 的执行流程

  下面用一个例子来对比中断语句 continue 和 break 在执行方式上的不同。假设机器人还是在 x 和 y 方向上各走 65535 步，但这次在行走过程中的任务是捡金币，看看分别使用 continue 和 break 两种语句执行，机器人最终捡到金币的数量有没有区别。

【例 4-12】 continue 语句与 break 语句执行方式的对比。

```
unsigned int x_remain, y_remain ;      //定义 x、y 方向剩下的脚步
bit iscoin = 0;                        //定义是否捡到金币，0 代表否，1 代表是
long coin= 0;                          //定义捡到的金币数量
char method ;                          //定义捡到金币的处理方式
//预设 x、y 方向各 65535 步
x_remain = 0xffff;
y_remain = 0xffff;
//给 method 赋值，设定处理方式
switch(method)
{
case 1:
    while ( x_remain >0 && y_remain >0)//如果两个方向都未走完
    {
        x 走一步；
        x_remain -- ;
        y 走一步；
```

```
            y_remain --;
            if (iscoin)              //如果捡到金币,则跳过后面的工作,继续前进
                continue;
            其他工作;
            ……
        }
        break;
    case 2:
        while ( x_remain > 0 && y_remain > 0)  //如果两个方向都未走完
        {
            x 走一步;
            x_remain --;
            y 走一步;
            y_remain --;
            if (iscoin)              //如果捡到金币,则跳过后面的工作,继续前进
                break;
            其他工作;
            ……
        }
        break;
    }
```

本例使用 switch 语句来判断捡到金币后的处理方式。

（1）假设 method 的值为 1,程序进入方式 1。机器人捡到金币时条件表达式值为真,执行中断语句 continue。程序跳过本次循环的其他工作,继续执行下一次循环,直到剩余步数走完,再执行方式 1 后面的 break 语句,跳出整个 switch 语句。

（2）假设 method 的值为 2,程序进入方式 2。机器人捡到金币时条件表达式值为真,执行中断语句 break。程序跳出 while 循环,执行方式 2 后面的 break 语句,跳出整个 switch 语句。

对比两种处理方式,方式 1 使用了 continue 语句,机器人捡到金币后让程序跳出本次循环,然后继续寻找更多金币。方式 2 使用了 break 语句,机器人捡到金币后程序直接退出循环。因此方式 2 最多只能捡到一个金币,而方式 1 则有可能捡到更多的金币。

由此可见,continue 语句和 break 语句的区别是:continue 语句只结束本次循环,不中止整个循环的执行。而 break 语句是结束整个语句的循环过程,不再判断执行循环的条件是否满足。

下面简单通过几个实例说明流程控制语句在单片机编程中的使用。

【实例 9】 用 if 语句控制 P0 口的 8 位 LED 灯的点亮状态。

本实例用 if 语句控制 P0 口的 8 位 LED 灯的点亮状态。要求按下按键 S1 时,P0 口高 4 位 LED 灯点亮;按下按键 S2 时,P0 口低 4 位 LED 灯点亮,其电路原理图如图 4 - 14 所示。

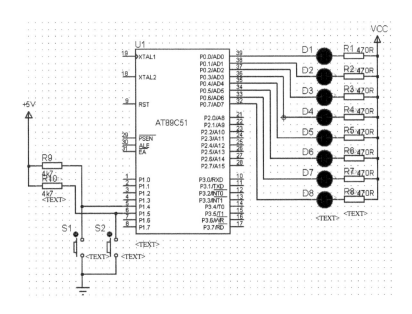

图 4 - 14　用 if 语句控制 LED 灯点亮状态的电路原理图

1. 实现方法

如图 4 - 14 所示,按下 S1 键时,P1.4 引脚接地,所以 P1.4 引脚的电平被强制下拉为低电平 0,因此可通过检测 P1.4 引脚的电平来判断按键 S1 是否被按下。如果 S1 被按下,就点亮 P0 口的高 4 位 LED 灯。其操作程序如下所示:

```
sbit S1=P1^4;          //将 S1 位定义为 P1.4 引脚
if (S1==0) ;           //如果 P1.4 引脚为低电平,则表明 S1 被按下
P1= 0x0f;              //即 P1= 00001111B,高 4 位输出低电平,高 4 位 LED 灯被点亮
```

2. 程序设计

先创建文件夹"e9",然后创建"e9"工程项目,最后创建源程序文件"e9. c",输入以下源程序:

```
//实例:用 if 语句控制 P0 口的 8 位 LED 灯的点亮状态
# include<reg51.h>      //包含单片机寄存器的头文件
sbit S1= P1^4;          //将 S1 位定义为 P1.4
sbit S2= P1^5;          //将 S2 位定义为 P1.5
/***********************
函数功能:主函数
***********************/
void main (void)
{
    while (1)
    {
        if(S1==0)       //如果按键 S1 被按下
            P0=0x0f;    //P0 口高 4 位 LED 灯点亮
```

```
     if(S2==0)        // 如果按键 S2 被按下
         P0= 0xf0;    //P0 口低 4 位 LED 灯点亮
     }
}
```

3. 用 Proteus 软件仿真

以上程序代码经 Keil 编译器编译通过后,可利用 Proteus 软件进行仿真。在 Proteus ISIS工作环境中绘制好图 4－13 所示电路原理图,然后将编译好的"e9.hex"文件载入 AT89C51,启动仿真,可以看到当按下 S1 或 S2 时,P0 口的高 4 位或低 4 位 LED 灯被点亮,仿真效果图如图 4－15 所示。

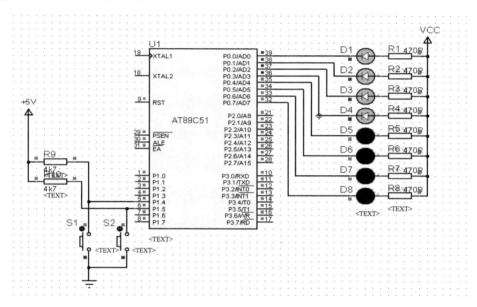

图 4－15　用 if 语句控制 LED 灯点亮状态的仿真效果图

4. 用实验板实验

程序仿真无误后,将"e9"文件夹中的"e9.hex"文件烧录到 AT89C51 芯片中,再将烧录好的单片机芯片插入实验板上,通电运行即可看到和仿真类似的实验结果。

【实例 10】　用 switch 语句控制 P0 口的 8 位 LED 灯的点亮状态。

本实例用 switch 语句控制 P0 口的 8 位 LED 灯的点亮状态,采用的电路原理图如图 4－14 所示。第 1 次按下按键 S1 时,D1 被点亮,第 2 次按下 S1 时 D2 被点亮……第 8 次按下 S1 时 D8 被点亮。然后,再次按下 S1 时,D1 又被点亮……如此循环。

1. 实现方法

首先设置一个变量 i,当 i＝1 时,点亮 D1;当 i＝2 时,点亮 D2……当 i＝8 时,点亮 D8。由 switch 语句根据 i 的值来实现相应的功能。

i 的值的改变可通过按键 S1 来控制,每次按下 S1 时就是 i 的值自增 1,当增加到 9 时,再将其值重新置为 1。

需要说明的是,当按下按键时通常会有抖动,表面上看按了一次按键,但由于按键的抖动,单片机可能认为按了很多次按键,从而使输入不可控制。此问题可通过软件消抖来解决。当单片机第一次检测到按键被按下时,将认为这是抖动而不理会,若延时 20～80 ms 后再次检测到按键被按下,才认为按键确实被按下了,然后再执行相应的指令。

2. 程序设计

先创建文件"e10",然后创建"e10"工程项目,最后创建源程序文件"e10. c",输入以下源程序:

```
//实例:用 swtich 语句控制 P0 口的 8 位 LED 灯的点亮状态
# include< reg51.h>    //包含单片机寄存器的头文件
sbit S1= P1^4:         //将 S1 位定义为 P1.4
/*****************
函数功能:延时一段时间
***************** /
void delay (void)
{
    unsigned int n;
    for (n=0; n<10000;n++)
         ;
}
/*****************
函数功能:主函数
***************** /
void main (void)
{
    unsigned char 1;
    i=0;                    //将 i 初始化为 0
    while (1)
    {
        if(S1==0)           //如果 S1 键按下
        {
            delay();        //延时一段时间
            if(S1==0)       //如果再次检测到 S1 键被按下
                i++;        //i 的值自增 1
            if(i==9)        //如果 i=9,重新将其置为 1
                i=1;
        }
        switch(i)           //使用多分支选择语句
        {
            case 1: P0=0xfe; //第 1 个 LED 灯亮
                    break ;
            case 2: P0=0xfd; //第 2 个 LED 灯亮
                    break ;
            case 3:P0=0xfb;  //第 3 个 LED 灯亮
                    break ;
            case 4:P0=0xf7;  //第 4 个 LED 灯亮
                    break ;
            case 5:P0=0xef;  //第 5 个 LED 灯亮
                    break ;
```

```
            case 6:P0=0xdf;    //第 6 个 LED 灯亮
                    break ;
            case 7:P0=0xbf;    //第 7 个 LED 灯亮
                    break ;
            case 8:P0=0x7f;    //第 8 个 LED 灯亮
                    break ;
            default://缺省值,关闭所有 LED 灯
                    P0=0xff;
        }
    }
}
```

3. 用 Proteus 软件仿真

以上程序代码经 Keil 编译器编译通过后,可利用 Proteus 软件进行仿真。在 Proteus ISIS工作环境中绘制好图 4-14 所示电路原理图,然后将编译好的"e10. hex"文件载入 AT89C51 电路启动仿真,可以看到按下 S1 时,P0 口的 LED 灯将依照 S1 被按下的次数而被点亮,例如第 2 次按下 S1 时,D2 将被点亮,仿真效果图如图 4-16 所示。

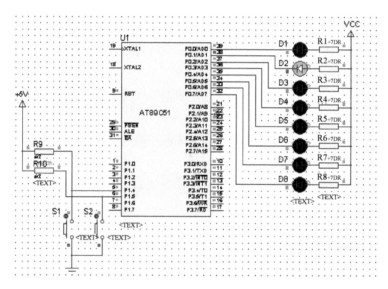

图 4-16　用 switch 语句控制 P0 口 8 位 LED 灯点亮状态的仿真效果图

4. 用实验板实验

程序仿真无误后,将"e10"文件夹中的"e10. hex"文件烧录到 AT89C51 芯片中,再将烧录好的单片机芯片插入实验板上,通电运行即可看到和仿真类似的实验结果。

【实例 11】　用 while 语句控制 P0 口的 8 位 LED 灯的闪烁花样。

本实例用 while 语句控制 P0 口 8 位 LED 灯的闪烁花样,采用的电路原理图如图 4-17 所示。

1. 实现方法

在 while 循环中设置一个变量 i,当 i 小于 0xff 时,将 i 的值送至 P0 口显示且 i 的值自增 1;当 i 等于 0xff 时,就跳出 while 循环。

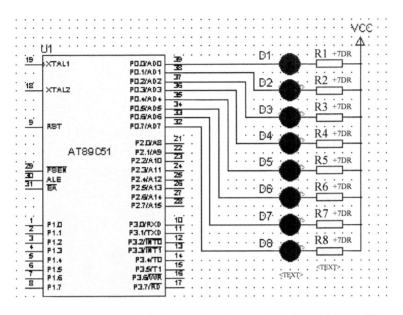

图 4 - 17　用 while 语句控制 P0 口的 8 位 LED 闪烁花样的电路原理图

2. 程序设计

先创建文件"e11",然后创建"e11"工程项目,最后创建源程序文件"e11. c",输入以下源程序:

```c
//实例:用 while 语句控制 Po 口的 8 位 LED 灯的闪烁花样
# include<reg51.h>  //包含单片机寄存器的头文件
/**********************************
函数功能:延时约 60 ms (3*100*200=60000 μs)
**********************************/
void delay60ms (void)
{
    unsigned char m,n;
    for(m=0;m<100;m++)
        for (n=0;n<200;n++)
            ;
}
/**************************
函数功能:主函数
**************************/
void main (void)
{
    unsigned char 1;
    while (1)                    //无限循环
    {
        i= 0;                    // 将 i 的值初始化为 0
        while(i<0xff) 1          //当 i 小于 0xff (255) 时执行循环体
        {
            P0= i;               //将 i 的值送至 P0 口显示
```

```
        delay60ms();        //延时
        1++;                //i 的值自增 1
    }
  }
}
```

3．用 Proteus 软件仿真

以上程序代码经 Keil 编译器编译通过后，可利用 Proteus 软件进行仿真。在 Proteus ISIS 工作环境中绘制好图 4 - 17 所示电路原理图，将编译好的"e11. hex"文件载入 AT89C51，启动仿真，可以看到 P0 口的 8 位 LED 灯以各种花样不断闪烁，某一时刻的仿真效果图如图 4 - 18 所示。

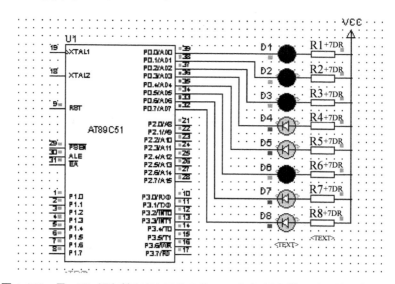

图 4 - 18　用 while 语句控制 P0 口的 8 位 LED 灯闪烁在某一时刻的仿真效果图

4．用实验板实验

程序仿真无误后，将"e11"文件夹中的"e11. hex"文件烧录到 AT89C51 芯片中，再将烧录好的单片机芯片插入实验板上，通电运行即可看到和仿真类似的实验结果。

【实例 12】　用 do...while 语句控制 P0 口的 8 位 LED 灯的流水点亮。

本实例用 do...while 语句控制 P0 口 8 位 LED 灯的流水点亮，采用的电路原理图如图 4 - 17 所示。

1．实现方法

只需在循环中将 8 位 LED 灯依次点亮，再将循环条件设为死循环即可。

2．程序设计

先创建文件"e12"，然后创建"e12"工程项目，最后创建源程序文件"e12. c"，输入以下源程序：

```
//实例:用 do...while 语句控制 P0 口的 8 位 IED 灯的流水点亮
# include< reg51.h> //包含单片机寄存器的头文件
/***********************;
```

函数功能:延时约 60 ms (3*100*200＝60000 μs)

```
* * * * * * * * * * * * * * * * * * * * * * * * * /
void delay60ms (void)
{
  unsigned char m,n;
  for (m=0;m<100;m++)
     for (n= 0;n< 200;n++)
     ;
/* * * * * * * * * * * * * * * * * * * * * * * * :
```

函数功能:主函数

```
* * * * * * * * * * * * * * * * * * * * * * * * * /
void main (void)
{
    do
    {
       P0=0xfe;                 // 第 1 个 LED 灯亮
         delay60ms () ;
       P0=0xfd;                 //第 2 个 LED 灯亮
         delay60ms () ;
       P0=0xfb;                 //第 3 个 LED 灯亮
         delay60ms () ;
       P0=0xf7;                 //第 4 个 LED 灯亮
         delay60ms () ;
       P0=0xef;                 //第 5 个 LED 灯亮
         delay60ms () ;
       P0=0xdf;                 //第 6 个 LED 灯亮
         delay60ms () ;
       P0=0xbf; .               //第 7 个 LED 灯亮
          delay60ms ();
       P0=0x7f;                 //第 8 个 LED 灯亮
         delay60ms () :
    }while(1);                  //无限循环,使 8 位 LED 灯循环流水点亮
  }
```

3. 用 Proteus 软件仿真

以上程序代码经 Keil 编译器编译通过后,可利用 Proteus 软件进行仿真。在 Proteus ISIS工作环境中绘制好图 4 - 17 所示电路原理图,将编译好的"e12. hex"文件载入 AT89C51,启动仿真,可以看到 P0 口的 8 位 LED 灯被循环流水点亮,某一时刻的仿真效果 图如图 4 - 19 所示。

4. 用实验板实验

程序仿真无误后,将"e12"文件夹中的"e12. hex"文件烧录到 AT89C51 芯片中,再将烧 录好的单片机芯片插入实验板上,通电运行即可看到和仿真类似的实验结果。

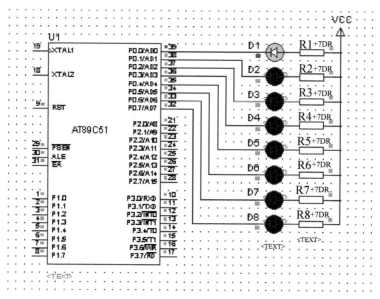

图 4-19　用 do…while 语句控制 P0 口的 8 位 LED 灯流水点亮在某一时刻的仿真效果图

【**实例 13**】　用 for 语句控制蜂鸣器鸣笛次数。

本实例要求使用 for 语句设计一个鸣笛报警程序。具体设计要求如下:能交替发出频率为 1600 Hz 和 800 Hz 的声音;高频(1600 Hz)发音时间约为 0.5 s,低频(800 Hz)发音时间约为 0.25 s。本实例只是为了实践一下 for 语句的使用,所以采用的电路原理图在此处省略。

1. 实现方法

(1)音频的实现

首先分析如何发出频率为 f 的声音。因为该声音的周期是 $T=\dfrac{1}{f}$,所以要让蜂鸣器发出频率 f 的声音,只要让单片机给蜂鸣器输送如图 4-20 所示的周期为 T 的脉冲方波电平信号即可,也就是让单片机的输出电平每半个周期($T/2$)取反一次就可以了。以频率为 1600 Hz 的声音为例,其周期 $T=(1/1600)\mathrm{s}=0.000625\ \mathrm{s}=625\ \mu\mathrm{s}$,半周期 $T/2\approx312\ \mu\mathrm{s}$,即需要输出电平每 312 μs 取反一次。显然,半周期可以通过延时来实现。

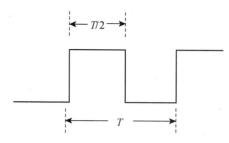

图 4-20　周期为 T 的脉冲方波电平信号

（2）延时时间的控制

通过前面的例子可知,采用循环的方法可以实现延时,但延时时间和循环次数之间的关系是怎么样的呢? 下面通过一个小例子来分析。

先在 Keil 中编译如下 C 程序:

```
# include <reg51.h>
void delay (void)                //延时函数
{
    unsigned char n;
    for(n=0;n<100;n++)
        ;
}
void main (void)                 //主函数
{
    while(1)
    {
        P0=0x00;                 //点亮 P0口的 8 位 LED 灯
        delay();                 //调用延时函数
        P0=0xff;                 //关闭 P0 口的 8 位 LED 灯
        delay();                 //调用延时函数
    }
}
```

将上述程序在 Keil 中编译后,在菜单栏依次点击“Debug”→“Start/Stop Debug Session”进行调试,再在菜单栏依次点击“View”→“Disassembly Window”,系统会弹出反汇编代码窗口。其中以 0x001D 开头的一段汇编语言程序如下:

```
01                   CLR  A       ;将 A 清 0
02  C:0011           MOV R7,A     ;将 0 送至工作寄存器 R7
03                   INC  R7      ;将 R7 加 1
04                   CJNE R7,0x64 ;若 R7 不等于 0x64(即十进制数 100),则
                                  ;转到 C:0011 处执行
```

这段代码就是由 C 延时函数形成的汇编代码,它消耗的机器周期等于 C 延时程序消耗的机器周期。

查汇编指令表可以知道,在上述程序段中:

① 01 行指令 CLR 消耗 1 个机器周期;

② 02 行指令 MOV 消耗 1 个机器周期;

③ 03 行指令 INC 消耗 1 个机器周期;

④ 04 行指令 CJNE 消耗 2 个机器周期。

根据循环条件,03 行和 04 行总共要执行 100 次(0x64＝100),所以上述程序段共消耗的机器周期数 $N=1+1+(1+2)\times100=302$。

根据上面的结果可知一重循环:

```
for(i=0;i<n;i++)
    ;
```

所消耗的机器周期数为：

$$N = 3 \times n + 2 \qquad (4-1)$$

式中：N 为消耗的机器周期数；n 为设定的循环次数（n 必须为无符号字符型数据）。若 $n \gg 2$，则可近似为：

$$N \approx 3 \times n \qquad (4-2)$$

可证明：二重循环

```
for(i=0;i<m;i++)  //m 为无符号字符型数据
  for(i=0;i<n;i++)  //n 为无符号字符型数据
    ;
```

所消耗的机器周期数为：

$$N = 3 \times m \times n + 5 \times m + 2 \qquad (4-3)$$

式中：N 为消耗的机器周期数；m、n 分别为外循环和内循环的设定循环次数。若 $n \gg 5$，则可近似为：

$$N = 3 \times m \times n \qquad (4-4)$$

（3）声音周期的控制

如果单片机的晶振频率为 11.059 2 Hz，则其机器周期为 1.085 μs。根据分析，要发出频率为 1600 Hz 的声音，就要让单片机每 312 μs 将输出电平取反 1 次，而延时 312 μs 需要消耗的机器周期数 $N = 312/1.085 = 286$，近似成 300（一般应用中延时不需要特别精确）。根据式 4-2 可知，循环次数应选为 $n = 300/3 = 100$，即每循环 100 次，让输出电平取反 1 次就可得到 1600 Hz 的音频。所以，1600 Hz 音频的延时函数可设计如下：

```
void delay 1600(void)
{
    unsigned char n;
    for(n= 0;n<100;n++)
        ;
}
```

类似地，800 Hz 音频的延时函数可设计如下：

```
void delay 800(void)
{
    unsigned char n;
    for(n= 0;n<200;n++)
        ;
}
```

（4）音频发生时间的控制

以 1 600 Hz 音频发生时间为例，要使其发生 0.5 s＝500 ms，而该音频的 1 个振动周期为 625 μs≈0.6 ms，则共需要 500/0.6≈830 个声音周期。类似地，800 Hz 音频的发生时间需设置约 200 个声音周期。

2. 程序设计

先创建文件"e13"，然后创建"e13"工程项目，最后创建源程序文件"e13.c"，输入以下源程序：

```
//实例：用 for 语句控制蜂鸣器鸣笛次数
# include <reg51.h>  //包含单片机寄存器的头文件
sbit sound= P3^7; //将 sound 位定义为 P3.7
/* * * * * * * * * * * * * * * * * * * * * * * *
函数功能：延时形成 1600 Hz 音频
* * * * * * * * * * * * * * * * * * * * * * * * * /
void delay1600(void)
{
    unsigned char n;
    for(n=0;n<100;n++)
        ;
}
/* * * * * * * * * * * * * * * * * * * * * * * *
函数功能：延时形成 800 Hz 音频
* * * * * * * * * * * * * * * * * * * * * * * * * /
void delay800(void)
{
    unsigned char n;
    for(n=0;n<200;n++)
        ;
}
/* * * * * * * * * * * * * * * * * * * * * * * * *
函数功能：主函数
* * * * * * * * * * * * * * * * * * * * * * * * * * /
void main(void)
{
    unsigned int i;
    while(1)
    {
        for(i=0;i<830;i++)
        {
            sound= 0;      //P3.7输出低电平
            delay1 600();
            sound= 1;      //P3.7输出高电平
            delay1 600();
        }
        for(i=0;i<200;i++)
        {
            sound=0;       //P3.7输出低电平
            delay800();
```

```
            sound=1;        //P3.7输出高电平
            delay800();
        }
    }
}
```

3. 用 Proteus 软件仿真

以上程序代码经 Keil 编译器编译通过后，可利用 Proteus 软件进行仿真。在 Proteus ISIS工作环境中绘制好电路原理图，将编译好的"e13.hex"文件载入 AT89C51，启动仿真，可以听到计算机音箱发出的报警声音。

4. 用实验板实验

程序仿真无误后，将"e13"文件夹中的"e13.hex"文件烧录到 AT89C51 芯片中，再将烧录好的单片机芯片插入实验板上，通电运行即可看到和仿真类似的实验结果。

第 5 章　函数

函数是单片机编程的基本组成部分。C 语言程序是由函数构成的,函数是 C 语言程序的基本模块,一个完整的 C 源程序至少要包含一个主函数 main(),也可以包含其他函数,C 语言程序从主函数开始执行。在 C 语言设计中,通常:

(1) 将一个大程序分成几个子程序模块。

(2) 将常用功能做成标准模块放在函数库中供其他程序调用。

(3) 可将函数单独设计、调试并测试好,需要用时直接调用,然后再总体调试。

(4) 这些函数可以是自己设计的,也可以是软件本身自带的。

从用户使用角度来看,C 语言有标准库函数和用户自定义函数两种,其中标准库函数是由编译器提供的,直接使用它们即可;用户自定义函数是为了达到使用者的某种目的而编写的函数。接下来先介绍函数的定义。

5.1　函数的定义

5.1.1　函数定义的格式

由 C 语言编译器提供的标准库函数可供用户直接使用,而自定义函数则需要用户去定义它,定义后就可以在程序中调用它们。函数定义的格式如下:

函数类型标识符　函数名（类型 形式参数 1,……, 类型 形式参数 n）

{

　　定义局部变量

　　函数体语句

}

下面具体说明一下。

(1) 函数类型标识符是指被定义函数的数据类型,也就是函数返回值类型。它可以是在 2.2 节中介绍的数据类型中的任意一种,如果函数没有返回值,可以定义成 void 类型。

(2) 函数名是给函数定义的一个名称,能够通过函数名来表明该函数的主要功能最好,方便用户调用。

(3) 函数名后面的括号中是一组形式参数的组合,它可以是一个参数或多个参数(多个参数之间用逗号隔开),用来传递数据。如果没有数据需要传递,也可以不要参数,但圆括号不可以省略。

（4）定义局部变量供函数内部使用。

（5）函数体语句是为了达到函数需要的功能而编写的各种语句。

函数体由一对花括号"｛ ｝"括起来，它一般是由若干条语句组合起来的复合语句。需要特别注意的是，函数体也可以是空语句，即该函数什么也不做，这是一个最简单的函数。

下面举两个函数定义的例子。例如：

```
void nothing()
{  }
```

该函数名为 nothing，它没有参数，它的函数体是空的，该函数什么也不做。空函数可以用于调试，它表明应该调用一个函数，但是该函数尚未编写好，先用一个空函数顶替。

又如：

```
int max ( int a, int b)
{
    if (a>b)
        return a ;
    else
        return b;
}
```

第一行说明 max()函数是一个整型函数，其返回的函数值是一个整数；形参为 a、b，均为整型量，a、b 的具体值由主调函数在调用时传送过来。在函数体中，除形参外没有其他变量，因此只有语句而没有变量定义部分。在函数体中，return 语句把 a 或者 b 的值作为函数值返回给主调函数。有返回值的函数中至少要有一个 return 语句。

在定义函数时需注意以下几点：

（1）C 语言中函数可分为有返回值和没有返回值两大类。在有返回值函数的定义中，除 int 型返回值外，都必须对返回值类型进行说明；在无返回值函数的定义中，可以加上无返回值说明符 void，也可以不加。

（2）函数的定义不能嵌套。也就是说，不能在一个函数的函数体内再定义一个函数。例如下面这种写法就是错误的，读者感受一下：

```
f1 (x,Y)
int x;Y;
{
    ……
    f2 (a,b)
    int (a,b)
    {
        return(a+ b) ;
    }
    ……
}
```

这种企图在 f1()函数中再定义一个 f2()函数的做法是错误的。

（3）如果一个函数的函数体中有变量的定义或说明时，一定要放在执行语句的前面，不可以放在中间或者后面，避免编译时出现问题。

第 4 章的例 4－9 用两个 for 语句实现了 1 s 的延时，现在我们试着把延时的代码写到函数中。

【例 5－1】　编写一个延时函数，实现延时任意毫秒的功能。

```
void ms_delay(unsigned int t)
{
    unsigned int i;
    for (t; t>0; t--)                //外层循环 t 次
        for (i=110;i>0;i--)          //内层循环 110 次
            ;
}
```

解析：（1）本例的函数类型标识符是 void，也就是说这个函数执行完之后，不需要向调用它的语句返回任何数值。

（2）本例的函数名是 ms_delay，在程序中的任何地方都可以使用这个名称来调用这个函数。

（3）本例有一个形式参数 t，是 unsigned int 类型的，意味着调用这个函数的语句需要传递一个无符号整型数给它。这也是我们所想要的结果，调用它的语句传递多大的数字，这个函数就可以延时多少毫秒。

5.1.2　函数的分类

从函数的定义角度看，函数可分为库函数和用户自定义函数两种。

① 库函数：系统提供的函数。对于库函数，用户无需定义，也不必在程序中作类型说明，只需要在程序代码的开头包含该函数原型的头文件即可在程序中直接调用它。

② 用户自定义函数：由用户按需要编写的函数。对于用户自定义函数，不仅要在程序中定义函数本身，而且在主调函数模块中还必须对该被调函数进行类型说明，然后才能使用它。

C 语言的函数兼有其他语言中的函数和过程两种功能，从这个角度看，又可把函数分为有返回值函数和无返回值函数两种。

① 有返回值函数：此类函数被调用执行完后将向调用者返回一个执行结果，称为函数返回值（如数学函数即属于此类函数）。由用户定义的要返回函数值的函数，必须在函数定义和函数说明中明确返回值的类型。

② 无返回值函数：此类函数用于完成某项特定的处理任务，执行完成后不向调用者返回函数值。由于函数无需返回值，用户在定义此类函数时可指定它的返回值为空，空类型的说明符为 void。

从主调函数和被调函数之间数据传送的角度看，函数又可分为无参函数和有参函数两种。

① 无参函数：函数定义、函数说明及函数调用中均不带参数。主调函数和被调函数之

间不进行参数传递。此类函数通常用来完成一组指定的功能,可以返回或不返回函数值。

② 有参函数:也称为带参函数,在函数定义和函数说明时都有参数,称为形式参数(简称形参);在函数调用时也必须给出参数,称为实际参数(简称实参)。进行函数调用时,主调函数将把实参的值传给形参,供被调函数使用。

C 语言提供了极为丰富的库函数,这些库函数又可从功能角度分为以下几类:

① 字符类型分类函数:用于对字符按 ASCII 码分类,如字母、数字、控制字符、分隔符、大小写字母。

② 转换函数:用于字符和字符串的转换,在字符量和各类数字量(整型、实型等)之间、在大小写之间进行转换。

③ 目录路径函数:用于文件目录和路径操作。

④ 诊断函数:用于内部错误检测。

⑤ 图形函数:用于实现屏幕管理和各种图形功能。

⑥ 输入/输出函数:用于实现输入/输出功能。

⑦ 接口函数:用于 DOS、BIOS 和硬件的接口。

⑧ 字符串函数:用于字符串操作和处理。

⑨ 内存管理函数:用于内存管理。

⑩ 数学函数:用于数学计算。

⑪ 日期和时间函数:用于日期、时间的转换操作。

⑫ 进程控制函数:用于进程管理和控制。

⑬ 其他函数:用于实现其他各种功能。

以上各类函数不仅数量多,而且其中有的还需要用户具备硬件知识才能使用,因此想要全部掌握函数的使用,需要一个较长的学习过程。读者应首先掌握一些最基本、最常用的函数,再逐步学习难一些的函数。

在 C 语言中,所有的函数定义,包括主函数 main()在内,都是平行的。也就是说,在一个函数的函数体内,不能再定义另一个函数即不能嵌套定义。但在函数之间允许相互调用,也允许嵌套调用。习惯上把调用者称为主调函数。函数还可以自己调用自己,称为递归调用。

main()函数是主函数,它可以调用其他函数,但不允许被其他函数调用。因此,C 程序的执行总是从 main()函数开始,完成对其他函数的调用后再返回到 main()函数,最后由main()函数结束整个程序。一个 C 源程序必须也只能有一个 main()函数。

5.2　函数的参数和返回值

C 语言采用参数传递的方式,把数值传递给被调函数,被调函数就可以使用传递过来的数值进行操作,操作完成后再把执行结果返回给主调函数。例 5-1 就是把毫秒数传递给延时函数,不过函数执行完成以后没有返回值。下面说明一下函数的参数和返回值是怎么使用的。

5.2.1　函数的参数

函数的参数分为形式参数(形参)和实际参数(实参)两种。形参出现在函数的定义中,在整个函数体内部使用;实参出现在主调函数中,不能在被调函数中使用。在函数调用时,主调函数把实参的值传递给形参,实现主调函数向被调函数的数据传递。

【例 5 - 2】　使用延时函数控制发光二极管以 1 Hz 的频率闪烁,晶振频率为11.0592 MHz。

```
void ms_delay(unsigned int t)
{
    unsigned int i;
    for (t; t>0; t--)            //外层循环 t 次
        for (i=110;i>0;i--)    //内层循环 110 次
            ;
}
main ()
{
    sbit led = P1^0;            //定义 P1.0 控制 LED 发光二极管
    unsigned int tim = 500;   //定义延时时间,以毫秒计
    led = 0;
    while (1)
      {
        ms_delay (tim);        //调用延时函数
        led~=led;              //LED 端口状态取反,实现闪烁功能
      }
}
```

解析:(1) 本例先定义了和例 5 - 1 一样的延时函数 void ms_delay( ),它有一个 unsigned int 类型的形式参数 t。

(2) 主函数 main( )里面有一个死循环 while(1),一般情况下,单片机 C 语言编程会在主函数里面设置这样一个循环,称之为"大循环",它使程序在这里反复执行。

(3) 本例在大循环里面执行两个操作:延时和 LED 状态翻转。延时操作是依靠调用刚才定义的延时函数实现的:

```
ms_delay (tim);    //调用延时函数
```

其中,括号里的 tim 是实参,它把一个实际的值传给延时函数。本例实参的值设为 500,那么单片机每隔 500 ms 就把 LED 端口的状态翻转一次,LED 明暗变化一次的时间为 1 s,实现了以 1 Hz 频率闪烁的功能。需要注意的是,在调用函数的过程中,形参的值可以被函数中的语句改变,而实参的值是不会变化的。本例中的形参 t 在函数执行的过程中逐次减少到 0 为止,而实参 tim 的值则不会因函数的执行而改变。实参和形参的数量和类型必须严格对应,否则程序会出现错误。

5.2.2　函数的返回值

函数参数的作用是主调函数向被调函数传递数值,如果被调函数想要给主调函数传递数值,就需要用到函数的返回值。函数的返回值是指函数被调用之后,执行函数体中的程序段所取得并返回给主调函数的值。函数的返回值只能通过 return 语句返回主调函数。

返回语句的格式如下:

　　return　(表达式);

return 语句的功能是计算表达式的值,然后返回给主调函数。在函数中允许有多个return语句,但每次调用只能有一个 return 语句被执行,因此只能返回一个函数值。

函数返回值的类型要与函数定义中函数的类型保持一致。若两者不一致,则以函数类型为准,自动进行类型转换。比如函数返回值是整型,在函数定义时可以省略去类型说明。

如果被调函数不需要返回函数值,可以把函数定义为空类型,即 void 类型。一旦函数被定义为空类型后,就不能在主调函数中使用被调函数的函数值了。

为了使程序有良好的可读性并减少出错,凡不需要返回值的函数都应定义为空类型。例 5 - 2 中的函数是不带返回值的,下面看一个带返回值的例子。

【例 5 - 3】　给函数传递一个弧度值,将弧度值转换成角度值。

```
# define pi 3.14159                    //定义符号常量 pi
float radian_to_degree (float radian)
{
    float degree;
    degree = (radian * 180) / pi;      //根据弧度值计算角度值
    return degree;                     //返回角度值
}
main ()
{
    float  deg, rad ;
    rad = 5.2 ;
    deg = radian_to_degree(rad);       //调用函数
}
```

解析:本例定义了一个函数 radiant_to_degree (),它接受一个 float 类型的参数,经过计算以后,向主调函数返回 float 类型的值。函数体内计算好角度值后,调用 return 语句返回函数值:

```
return degree;                         //返回角度值
```

需要注意的是,定义函数的数据类型是 float 类型,函数体内返回的角度值也是 float 类型,主调函数中用于接收返回值的变量 deg 也是 float 类型,这三者是一致的。

5.3　函数的调用

通过前面的例子可以了解到,函数通过互相调用来执行函数体内的语句。所谓调用就是在一个函数中引用另外一个函数,被调用的函数必须是已经定义过的,前者称为主调函数,后者称为被调函数。前面介绍了函数的定义、参数和返回值,下面介绍如何去调用一个函数。

5.3.1　被调函数的声明

和使用变量之前要先定义变量一样,在主调函数调用其他函数之前,需要对被调函数进行声明,以说明被调函数的名称、参数类型和返回值类型。声明的一般格式为:

函数类型标识符　　(被调)函数名(类型 1　形式参数 1,……,类型 n　形式参数 n);

或者为:

函数类型标识符　　(被调)函数名(类型 1,……,类型 n);

第一种方法看起来与函数定义的第一行几乎一模一样,只是在结尾处比函数定义多了一个分号“;”,这种方法完整地告诉编译器被调函数的特性。第二种方法只保留了形式参数的类型,同样以分号结尾,这两种表达都是被编译器接受的。

如 main()函数中对 max()函数的声明为:

```
int max(int a,int b);
```

或写为:

```
int  max (int, int);
```

下面以例 5-3 中弧度-角度转换函数来看两种声明方式的不同。

第一种声明方式为:

```
main()
{
    float radian_to_degree ( float radian) ;
    ……
}
```

第二种声明方式为:

```
main()
{
    float radian_ to_ degree ( float ) ;
    ……
}
```

C 语言中规定了有几种情况可以省去主调函数中对被调函数的声明。

（1）调用库函数不需要声明，但需要在源文件的前面包含函数的头文件。例如：

```
include  <reg51.h>
```

（2）当被调函数的定义出现在主调函数之前时，主调函数不需要对被调函数再进行声明，可直接调用。比如例 5-3 中被调函数 radian_to_degree()出现在 main()函数之前，因此 main()函数中就可以省去对 radian_to_degree()函数的声明而直接使用。

（3）如果在所有函数定义之前，在函数外预先对各个函数进行了声明，则在以后的主调函数中不需要再对函数进行声明。例如：

```
void ms_delay ( unsigned int t) ;              //定义函数之前在函数外声明函数
main ()
{
    ……
}
void func_1 ()
{
    ……
}
void  ms_delay  (unsigned  int t)
{
    ……
}
```

说明：由于第一行对 ms_delay()函数作了声明，因此后面的 main()函数和 func_1()函数里面调用 ms_delay()时都不需要再次声明就可以直接使用。

对被调函数的声明，即在一个函数中调用另一函数需要具备以下条件：

① 首先被调用的函数必须是已经存在的函数（标准库函数或自定义函数）。

② 如果使用库函数，一般还应在程序的开头用＃include 命令将调用有关库函数时所需的信息添加到程序中，如"＃include<stdio. h>"。在"stdio. h"文件中放了输入输出库函数所用到的一些宏定义信息，如果不包含"stdio. h"文件中的信息，就无法使用输入输出库中的函数。

③ 如果使用用户自己定义的函数，而且主调函数和该函数还在同一文件内，一般还应在主调函数中对被调函数进行声明，即向编译系统声明将要调用此函数，并将有关信息通知编译系统。函数声明中的函数类型标识符说明了函数返回值的类型。

函数定义和函数声明是完全不同的，函数定义是指对函数功能的确立，包括确定函数名、函数值类型、形式参数及其类型、函数体等，它是一个完整、独立的函数单位；函数声明的作用则是把函数的名称和类型以及形式参数的类型、数量和顺序通知编译系统，以便在调用该函数时系统按此对照检查。如果被调函数是在主调函数前定义的，或者已经在程序代码的开头声明了所有被调函数的类型，可以不必再在主调函数中对被调函数进行声明，否则一定要先在主调函数中说明被调函数的类型，然后再进行调用。

前面说过 C 语言不允许在一个函数定义的内部包含另外一个函数的定义，即嵌套函数定义是不允许的,但是允许在调用一个函数的过程中包含对另一个函数的调用,即嵌套函数调用是可以的,后文将详细介绍。

5.3.2 函数语句调用

在主调函数中,将函数作为一条语句的调用方式称为函数语句调用。例如例 5-2 的 main()函数中调用毫秒级延时程序:

```
ms_ delay (tim) ;
```

函数语句的调用格式跟普通语句一样,只是在函数后面需要加上一个分号。

5.3.3 函数表达式调用

如果函数具有返回值,那么这个函数可以作为表达式的一部分出现在表达式中,函数的值参与表达式的运算。例 5-3 中就是通过调用函数表达式的方式给变量 deg 赋值的:

```
deg= radian_to_degree(rad) ;      //调用函数
```

也可以用调用函数表达式的方式参与运算。

【例 5-4】 已知直角三角形一个锐角的角度,求另一个锐角的角度。

```
main ()
{
    float   rad_1, rad_2;
    rad_1= 0.6 :
    deg_2 = 90- radian _to_degree (rad_1);    //调用函数表达式参与运算
}
float radian_to_degree (float radian);
{
    ......
}
```

调用函数表达式参与运算实际上是把函数求值和表达式运算两个步骤放在一个语句里面完成,本例中的表达式 deg_2=90-radian_to_degree(rad_1)可以分解成以下两条语句:

```
deg_ 1= radian _to_ degree(rad 1) ;         //调用函数求和
deg_ 2= 90-deg_ 1;                          //求另外一个锐角的角度值
```

这两种方式的执行效果是一样的,而采用函数表达式参与运算的方式使程序看起来更简洁。此外,这种方式可以少定义一个变量 deg_1,理论上可以减少单片机内存的消耗,对提高运行速度也有一定的帮助。不过很多编译器提供了代码优化功能,可以自动对代码进行优化,如果表达式特别复杂,建议先分开写,调试确认没有问题之后再合成一个表达式。

5.3.4 作为函数的参数调用

作为函数的参数调用,就是在主调函数中将被调函数作为另一个函数调用的实际参数,

把该函数的返回值作为实际参数进行传递。这种调用方式要求该函数必须有返回值,其调用格式如下:

$$函数 1(实参 1,\cdots\cdots,函数 2());$$

先前介绍分支语句的时候讲解过比较两个数求出较大者的例子,下面通过一个例子看看怎么从多个数里面挑选最大的那一个。

【例 5 - 5】 使用函数作为参数,求 3 个数中的最大者。

```
int Max(int m1, int m2);                    //函数声明
main()
{
    int a,b,c, max;
    a= 1;
    b= 2;
    c= 3;
    max = Max(Max(a,b),c);                  //Max()函数作为 Max()函数的参数
}
int Max(int m1, int m2)
{
    ……                                     //求较大的数
    return 较大的数;
}
```

解析:本例首先声明了 Max()函数,在之后的程序代码中都可以直接调用 Max()函数。在主函数 main()中给三个整型变量赋予不同的值,后面调用 Max()函数求它们中的最大者。

```
Max = max {Max(a,b),c);     //Max()函数作为 Max()函数的参数
```

这个语句实际上两次调用了 Max()函数。第一次调用求出 a、b 中的较大者,即 Max(a,b),会返回一个值;第二次调用外层 Max()函数,将第一次调用的返回值和变量 c 的值比较,这样就可以找出三者中的最大者,然后返回一个值,保存到变量 max 里面。

这个例子很清楚地展示了函数作为函数参数调用的方法。需要注意的是,作为参数的函数必须有返回值,并且返回值的类型一定要与调用这个函数的形参的类型保持一致,否则就会出错。

5.3.5　函数嵌套调用

C 语言中各个函数之间都是平行关系,不存在上级函数和下级函数的问题。不允许在一个函数中定义另外一个函数,但是 C 语言允许在一个函数中调用另外一个函数,这样就实现了函数的嵌套调用。图 5 - 1 给出了函数嵌套调用的层次。

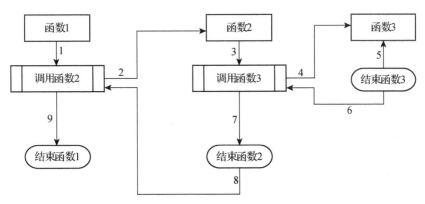

图 5-1　函数嵌套调用的层次

从图中可以看出,函数 1 在执行过程中调用了函数 2,然后程序转到函数 2 继续执行;函数 2 在执行的过程中又调用了函数 3,函数 3 执行完成后返回到函数 2 继续执行下面的语句;函数 2 执行完成后返回到函数 1 继续执行后面的语句。整个函数嵌套调用过程是一环扣着一环,依次进入下一个被调函数,然后又依次返回,从被打断的地方继续执行后面的语句。在实际的应用当中,我们会经常碰到函数的嵌套调用。前文的例子中就已经用到了函数的嵌套。在例 4-5 中根据不同的电压值点亮不同的 LED 灯,把获取电压和点亮二极管的代码全部写到了主函数 main()中(获取电压的代码在示例中省略了),这样使得 main()函数特别冗长,而且代码的可重用性不高。下面,我们把获取电压的功能代码和点亮 LED 灯的功能代码写到其他函数中,让主函数去调用它们,这样可以减少代码空间,增加程序可读性。

【例 5-6】　使用函数嵌套的方式来实现电压检测与处理。

```
sbit led0= P0^0;
sbit led1= P0^1;

float getvoltbyad() ;          //声明获得电压值的函数
int getlevel() ;              //声明判断电压水平的函数
void dispalylevel() ;         //声明显示电压的函数

main()
{
    while (1)
    {
        displaylevel () ;
    }
}
void displaylevel ()
{
    int level ;
    level =getlevel () ;
    //代码段 a 是根据电压水平 level 点亮相应 LED 的代码
}
```

```
int getlevel ()
{
    int level ;
    float volt ;
    volt = getvoltbyad () ;        //调用函数获得电压值
    //代码段 b 是根据电压值 volt 所处的范围判断电压水平的代码
    return level ;
}
float getvoltbyad ()
{
    float volt ;
    //代码段 c 是通过 A/D 转换采集电压值的代码
    return volt ;
}
```

解析：

（1）main（）函数中调用 displaylevel（）函数。

（2）displaylevel（）函数中调用 getlevel（）函数获得电压水平。

（3）getlevel（）函数中调用 getvoltbyad（）函数获得原始电压。

（4）getvoltbyad（）函数获得原始电压后将数据返回给 getlevel（）函数。

（5）getlevel（）函数将原始电压加工成电压水平后返回给 displaylevel（）函数。

（6）displaylevel（）函数根据电压水平点亮相应的 LED 灯。

（7）main（）函数通过在大循环中反复调用 displaylevel（）函数不断刷新电量显示状态。以上函数层层调用，层层返回。

结合图 5-1 来看，无论函数的嵌套调用有多复杂，当编写一个大型程序时，把各种功能单独写到各自的函数中可以让代码更加容易控制，因此要学会这种模块化编程方法。

5.3.6　函数递归调用

C 语言中允许使用函数的递归调用，这是 C 语言的又一特点。函数的递归调用是指在调用一个函数的过程中直接或间接地调用该函数自身。例如，在调用 f1 函数的过程中又调用了 f1 函数，这称为直接调用；而在调用 f1 函数的过程中调用了 f2 函数，又在调用 f2 函数的过程中调用了 f1 函数，这称为间接调用。

在递归调用中，主调函数又是被调函数，函数反复调用自己。为了避免函数一直递归调用自己，无终止地进行，必须在函数内部加入合理的条件判断，当满足条件以后就停止调用，然后一层一层地返回。

关于函数递归调用的一个经典例子是计算 n 的阶乘，当 n 大于 1 时，n 的阶乘等于 n 乘以 $n-1$ 的阶乘。阶乘的公式如下：

$$n! = \begin{cases} 1 & (n=0,1) \\ n \times (n-1)! & (n>1) \end{cases}$$

如果把上式写成程序，可以用下面的代码来描述。

【例 5 - 7】　用函数递归调用的方法计算 n 的阶乘。

```
……
long ff ( int n)
{
    long  f ;
    if ( n<=1)
    {
        f = 1 ;
    }
    else
    {
        f = n* ff (n-1) ;          //调用 ff()函数本身
    }
}
main()
{
    int n=10 ;
    long f1;
    f1=ff (n) ;
}
```

解析：本例中 ff()函数是一个递归调用函数。main()函数首先调用 ff()函数，ff()函数递归调用自己。每次递归调用的实参是 n-1，因此当实参的值大于 1 时，ff()函数不断递归调用自己；当 n-1 的值为 1 时，执行 f=1，停止递归调用，然后一层层地依次返回，得到 n 的阶乘值。本例也可以用 for 循环来做，感兴趣的读者可以自己尝试编写。

在使用函数递归调用时应注意以下两点：

(1) 函数递归调用必须有退出条件，否则程序会陷入死循环，函数无休止地调用自己。本例中的退出条件是 n ≤ 1。

(2) 函数递归调用在每次调用下一层时都会把之前的状态保存起来，消耗的资源极大，所以要控制调用的层次。

实际应用中不是所有问题都可以采用函数递归调用的方法，只有满足一定要求的问题才可以。能够将原有问题化为一个新的问题，而新的问题的解决方法与原有问题的解决方法相同，按照这一原则依次划分下去，最终划分出来的新问题是可以解决的。这样的问题就可以采用递归调用方法来解决。

实际应用中有意义的递归问题都是经过有限次的递归划分最终可获得解决。这是有限递归问题，而那些无限递归问题在实际应用中是没有意义的。例如，求 4!。4! 可以转化为 4 ∗ 3!，而 3! 又可以转化为 3 ∗ 2!，2! 又可以转化为 2 ∗ 1!，1! 可以转化为 1 ∗ 0!，而 0! 是已知的，因此可以最终求得 4!。这是一个简单的典型递归调用例子。

递归调用过程可分为两个阶段。

(1) 递归阶段。该阶段将原问题不断化为新问题，逐渐从未知的方向推测，最终达到已知的条件，即递归结束条件。

(2) 回归阶段。该阶段是从已知条件出发，按递归的逆过程，逐一求值回归，最后到递归的开始之处,完成递归调用。

使用函数递归调用方法编写的程序简单清晰,可读性强,因此人们都喜欢用它来解决一些问题。但函数递归调用存在的问题是,这种方法编写的程序执行起来在时间和空间上的开销都比较大,既要占用较多的内存单元,又要花费很多的计算时间。

5.4　变量的作用域

前面在提到形参时说过,形参只在被调用期间才被分配内存空间,调用结束立即释放所占内存空间。这一点表明形参只有在函数内才是有效的,离开该函数就不再被使用了。这种变量有效性范围称为变量的作用域。不仅对于形参变量,C 语言中所有的变量都有自己的作用域。变量声明的方式不同,其作用域也不同。C 语言中的变量按作用域可分为两种:全局变量和局部变量。

全局变量是在函数外部定义的变量。它不属于具体某个函数,而是属于整个源程序文件,其有效使用范围是从定义该变量的位置开始至源程序结束。

在任意一个函数内部定义的变量称为局部变量,这种变量只能在本函数内使用,而不能在其他函数内使用。

1. 局部变量

局部变量也称为内部变量,它是在函数内部定义的。其作用域仅限于函数内,离开该函数后再使用这种变量是非法的。例如:

```
int f1 (int a)              //函数 f1()内 a、b、c 有效
{
    int b,c;
    ……
}
int f2 (int x)              //函数 f2()内 x、y、z 有效
{
    int y,z;
    ……
}
main ()                     //主函数内 m、n 有效
{
    int m,n;
    ……
}
```

函数 f1()内定义了 3 个变量,a 为形参,b、c 为一般变量。在 f1()范围内 a、b、c 有效,或者说变量 a、b、c 的作用域限于 f1()内。同理,x、y、z 的作用域限于 f2()内;m、n 的作用域限于 main()内。关于局部变量的作用域还要作以下几点说明。

(1) 主函数中定义的变量也只能在主函数中使用,不能在其他函数中使用,同时主函数

中也不能使用其他函数中定义的变量。因为主函数也是一个函数,它与其他函数是平行关系。

(2) 形参变量是属于被调函数的局部变量,实参变量是属于主调函数的局部变量。

(3) 允许在不同函数中使用相同的函数名,它们代表不同的对象,被分配不同的存储单元,互不干扰,也不会发生混淆。

2. 全局变量

全局变量也称为外部变量,它是在函数外部定义的变量。全局变量不属于哪一个函数,它属于整个源程序,其作用域就是整个源程序。在函数中使用全局变量时,一般应作全局变量声明,只有在函数内经过声明的全局变量才能使用。声明全局变量的修饰符为 extern。但如果在一个函数之前定义的全局变量要在该函数内使用,可不再加以声明。

例如:

```
int a,b;                //外部变量
void f1 ()              //函数 f1()
{
    ……
}
float x,y;              //外部变量
int fz ()              //函数 fz()
{
    ……
}
main ()                //主函数
{
    ……
}
```

此例中 a,b,x,y 都是在函数外部定义的外部变量,都是全局变量。但 x,y 定义在函数 f1()之后,而在 f1()内又无对 x,y 的声明,所以它们在 f1()内无效。a,b 定义在源程序最前面,因此在 f1()、f2()和 main()内不加声明也可使用它们。

举一个例子让读者体会一下变量的作用域:

```
……
unsigned int i, j ;   //i 和 j 为全局变量,可以被以下所有的函数使用
void  delay (unsigned int) ;      //延时函数声明

void  main ()
{
    while (1)
    {
        p1 =~ ( 1<< j++);
        if (j ==8)
        {
            j= 0 ;
        }
        delay (500) ;            //传递参数给延时函数
```

```
        }
    }
void  delay (unsigned int a)      //延时函数
{
    unsigned int b ;    //其中变量 a 和 b 为该函数的局部变量,只能在本函数内使用
    while (a--)
    {
        for (b = 0 ; b<125 ; b++);
    }
}
```

注意:在编写程序时应尽量少用全局变量,因为全局变量在程序执行过程中始终会占用存储单元,而不像局部变量那样仅在需要时才开辟存储单元。此外,过多使用全局变量会降低程序的清晰度,难以清楚地区分每个瞬间各个外部变量的值。

5.5 中断函数

本节介绍一下单片机特有的函数——中断函数。在 Keil 工作环境中编写 MCS-51 单片机程序时中断函数的定义格式为:

void 中断函数名() interrupt 中断号

其中,中断函数名是给中断函数取的名字;interrupt 代表这个函数是中断函数;中断号指的是中断查询次序号,它代表了中断响应的优先级。

例如,定义定时器 0 的中断函数如下:

```
void  timer0 () interrupt 1
{
}
```

这段代码表示定义了一个名为"timer0"的函数,并且这个函数是中断函数,它的中断号是 1。还可以像下面这样定义外部中断 0 的中断函数:

```
void exINT0() interrupt 0
{
}
```

与普通函数不同的是,中断函数并不是由程序中的语句来调用的,而是当满足某个条件时自动触发的。就拿定义定时器 0 的中断函数来说,假定我们定时 1 s,那么 1 s 后,CPU 会主动产生一个定时器 0 的中断,这时程序会暂停当前任务,进入 timer0()这个中断函数去完成相关任务。中断号"1"保证了定时器 0 的中断产生之后,程序就会进入 timer0 函数执行任务。

有了中断函数以后,CPU 平时就可以执行其他任务,而把突发事件放到中断任务中

执行。因为中断任务比普通任务的优先级高,所以使用中断函数还有一个好处,就是可以确保中断函数中的任务被优先执行,因此我们常常把一些比较重要的任务放在中断函数中完成。

中断是单片机编程的一个非常重要的部分,单片机的中断系统比较复杂,本节只是简单给大家介绍一下什么是中断函数,树立一个概念,更多详细信息请参阅相关书籍。

【例 5-8】 以 MCS-51 单片机为例,通过中断函数实现在开发板上低 4 位 LED 灯被点亮,高 4 位 LED 灯不亮;按下开关后高 4 位 LED 灯亮,低 4 位 LED 灯不亮。

```
unsigned  char a;              //声明变量 a
sbit  lcden = p3^4             //定义位
void  main()
{
    lcden = 0;
    EA = 1;
    EX0 = 1;
    IT0 = 0;
    a = 0xf0;
    while (1)
    {
        P1 = a ;
    }
}
void exto () interrupt 0
{
    a = 0xf0 ;
}
```

函数是进行单片机编程必须要掌握的方法,本章介绍了什么是函数、怎么定义函数、如何调用函数以及怎么在函数之间传递和返回数据,还介绍了单片机中中断的概念和单片机特有的中断函数,希望读者能够掌握这些相关知识。

下面介绍几个在单片机中应用函数的实例。

【实例 14】 用 P0、P1 口显示整型函数返回值。

本实例使用一个无符号整型函数计算 2008+2009 的值,并把计算结果送至 P0、P1 口显示(P0 口显示低 8 位,P1 口显示高 8 位)所采用的电路原理图如图 5-2 所示。

1. 实现方法

将函数定义为无符号整型函数,其形参为两个无符号整型数据,计算结果需用 return 语句返回。将返回值除以 256 后取整可得高 8 位数据(送 P1 口),将返回值除以 256 后求余数可得低 8 位数据(送 P0 口)。

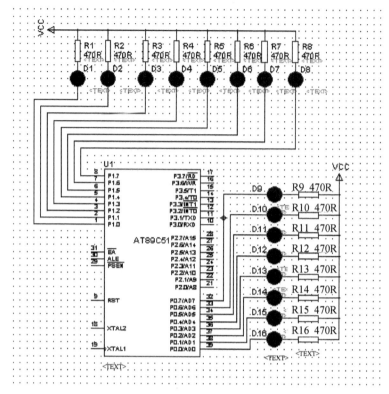

图 5 - 2　用 P0、P1 口显示整型函数返回值的电路原理图

2. 程序设计

先创建文件夹"e14"，然后创建"e14"工程项目，最后创建源程序文件"e14. c"，输入以下源程序：

```
//实例:用 P0、P1 口显示整型函数返回值
# include<reg51.h>
/* * * * * * * * * * * * * * * * * * * * * * * * * * * *
函数功能:计算两个无符号整数的和
* * * * * * * * * * * * * * * * * * * * * * * * * * * * * /
unsigned int sum(int a,int b)
{
    unsigned int s;
    s= a+b;
    return (s);
}
/* * * * * * * * * * * * * * * * * * * * * * * * * * * *
函数功能:主函数
* * * * * * * * * * * * * * * * * * * * * * * * * * * * * /
void main(void)
{
    unsigned z;
    z= sum(2008,2009);
    P1= z/256;                        //取得 z 的高 8 位数据
```

```
    P0= z%256;                        //取得 z 的低 8 位数据
    while(1)
        ;
}
```

3. 用 Proteus 软件仿真

以上程序代码经 Keil 编译器编译通过后,可利用 Proteus 软件进行仿真。在 Proteus ISIS工作环境中绘制好图 5-2 所示电路原理图,将编译好的"e14.hex"文件载入 AT89C51, 启动仿真,可看到图 5-3 所示的仿真效果。根据仿真效果可知,高 8 位数据 P1 = 00001111B=0x0f=15,低 8 位数据 P0=10110001B=0xb1 =11×16+1=177,它们表示的 计算结果为 15×256+177=3 840+177=4017,与 2008+2009 = 4017 结果相同。

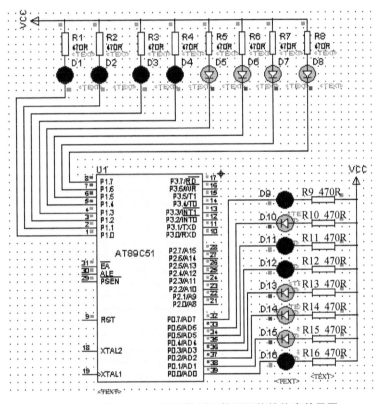

图 5-3　用 P0、P1 口显示整型函数返回值的仿真效果图

4. 用实验板实验

程序仿真无误后,将"e14"文件夹中的"e14. hex"文件烧录到 AT89C51 芯片中,再将烧 录好的单片机芯片插入实验板上,通电运行即可看到和仿真类似的实验结果。

【实例 15】　用有参数函数控制 P0 口的 8 位 LED 灯的流水点亮速度。

本实例用有参数函数控制 P0 口 8 位 LED 灯的流水点亮速度,要求快速流动时相邻 LED 灯的点亮间隔 60 ms,慢速流动时点亮间隔为 150 ms,所采用的电路原理图如图 5-4 所示。

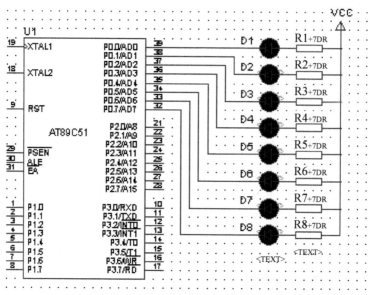

图5-4 用有参数函数控制 P0 口 8 位 LED 灯流水点亮速度的电路原理图

1. 实现方法

本实例中用于延时的循环次数可用公式 $N \approx 3 \times m \times n$ 计算,其中 N 表示延时时间, m 表示外层循环次数, n 表示内层循环次数。因为一个机器周期为 $1.085\ \mu\mathrm{s}$,可近似看作 $1\ \mu\mathrm{s}$。如果把内层循环次数 n 设为 200,则要延时 60 ms,外层循环次数为:

$$m = \frac{60000}{3 \times 200} = 100$$

同理,若要延时 150 ms,则外层循环次数 m 应为 250。

2. 程序设计

先创建文件夹"e15",然后创建"e15"工程项目,最后创建源程序文件"e15.c",输入以下源程序:

```
//实例:用有参函数控制 P0 口的 8 位 LED 灯的流水点亮速度
# include< reg51.h>
/* * * * * * * * * * * * * * * * * * * * * * * * * * * *
函数功能:延时一段时间
* * * * * * * * * * * * * * * * * * * * * * * * * * * */
void delay(unsigned char x)
{
    unsigned char m,n;
    for(m=0;m<x;m++)
        for(n=0;n<200;n++)
            ;
}
/* * * * * * * * * * * * * * * * * * * * * * * * * * * *
函数功能:主函数
* * * * * * * * * * * * * * * * * * * * * * * * * * * */
```

```
void main(void)
{
    unsigned char i;
    unsigned char code Tab[ ]= {0xFE,0xFD,0xFB,0xF7,0xEF,0xDF,0xBF,0x7F};
                                       //流水灯控制码
    while(1)
    {
        //快速流水点亮 LED
        for(i=0;i<8;i++)                 //共 8 个流水灯控制码
        {
            P0= Tab[i];
            delay(100);                  //延时约 60 ms,3*100*200=60000 μs
        }
        //慢速流水点亮 LED
        for(i=0;i<8;i++)                 //共 8 个流水灯控制码
        {
            P0= Tab[i];
            delay(250);                  //延时约 150 ms, 3*250*200=150000 μs
        }
    }
}
```

3. 用 Proteus 软件仿真

以上程序代码经 Keil 编译器编译通过后,可利用 Proteus 软件进行仿真。在 Proteus I-SIS 工作环境中绘制好图 5-4 所示电路原理图,将编译好的"e15. hex"文件载入 AT89C51,启动仿真,即可看到 P0 口的 8 位 LED 灯先以较快速度流水点亮,再以较慢速度流水点亮,如此循环(仿真效果图略)。

4. 用实验板实验

程序仿真无误后,将"e15"文件夹中的"e15. hex"文件烧录到 AT89C51 芯片中,再将烧录好的单片机芯片插入实验板上,通电运行即可看到和仿真类似的实验结果。

5.6 单片机的定时器和计数器

本节将介绍单片机的定时器和计数器。使用单片机对外部信号进行计数,或者利用单片机对外部设备进行定时控制时,如测量电动机转速或控制电炉加热时间等,就需要用到单片机的定时器/计数器。MCS-51 系列单片机内部有 T0 和 T1 两个定时器/计数器,它们对于单片机各种控制功能的实现具有重要作用。

5.6.1 定时器/计数器的基础知识

要掌握定时器/计数器的结构和功能,首先需要了解以下基础知识。

1. 计数

计数一般是指对事件的统计,通常以 1 为单位进行累加。生活中常见的计数应用有录音机上的磁带计数器、家用电度表、汽车和摩托车上的里程表等。计数也广泛应用于工业生产和仪表检测中。例如,某制药厂生产线需要对药片计数,要求每计满 100 片为 1 瓶,当生产线上的计数器计满 100 片时,就产生一个电信号以驱动对应机械结构做出相应的包装动作。

2. 计数器的容量

通常,计数器能够计数的总量都是有限的。例如,录音机上的磁带计数器最多只计到 999。MCS-51 系列单片机有两个计数器,即 T0 和 T1,它们分别由两个 8 位计数单元构成。例如,T0 由 TH0 和 TL0 两个特殊功能寄存器构成,每个寄存器均为 8 位。所以 T0 和 T1 都是 16 位计数器,最大计数量是 $2^{16} = 65536$。下面以图 5-5 来说明单片机的计数方法。

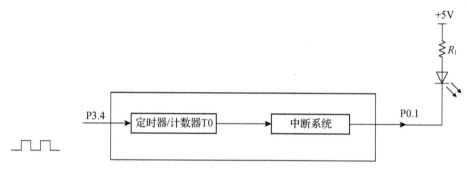

图 5-5 单片机的计数方法示意图

在图 5-5 中,单片机内有一个定时器/计数器 T0,可以用编程的方法将它设为计数器。当用作计数器时,它是一个 16 位计数器,它的最大计数量为 $2^{16} = 65536$。T0 端(P3.4 引脚)用来输入脉冲信号。当脉冲信号输入时,计数器就会对脉冲计数,当计满 65536 时,计数器将溢出并送给 CPU 一个信号,使 CPU 停止目前正在执行的任务,而去执行规定的其他任务(这就是前文所说的中断),这里计数器溢出后规定的任务是让 P0.1 引脚输出低电平,点亮发光二极管。

上面的方法似乎只有计数到 65536 个脉冲,才能通过溢出触发中断去执行规定的任务。那么怎样才能更快触发中断呢?可以预先将计数器的初始值设置为 65526(即 65536-10),这样给计数器输入 10 个脉冲就会达到 65536 而产生一个溢出信号,从而触发中断。这种方法叫做设定计数器的初值。

3. 定时

80C51 单片机中的计数器除了用作计数以外还可以用作定时。定时器的用途很多,如学校的打铃器、电视机的定时关机、空调的定时开关及工业电炉加热时间的控制等,可见定时器有着极为重要的应用。下面以图 5-6 来说明单片机的定时方法。

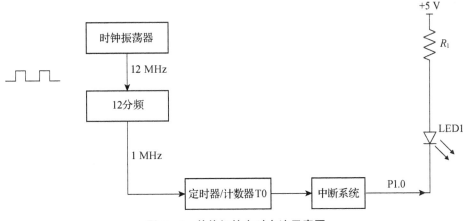

图 5-6　单片机的定时方法示意图

从图 5-6 中可以看出,将定时器/计数器 T0 设为定时器,就是将 T0 与外部输入断开,从而与内部脉冲信号连通,对内部信号计数。

假定单片机的时钟振荡器可以产生 12 MHz 的时钟脉冲信号,经 12 分频后得到输入的脉冲信号 1 MHz 信号,每个脉冲的持续时间(1 个周期)为 1 μs,如果定时器 T0 对 1 MHz 信号进行计数,计到 65536 时将需要 65536 μs,即 65.536 ms。此时,定时器计数到最大值,也会溢出并送给 CPU 一个信号,使 CPU 停止目前正执行的任务,而去执行规定的其他任务,这里的任务是让 P0.1 引脚输出低电平,点亮发光二极管。

与计数器类似,如果将定时器的初值设置为 65536 - 1000 = 64536,那么单片机将计数 1000 个 1 μs 脉冲即 1 ms 而产生溢出。利用这种办法,我们可以任意定时和计数。

5.6.2　定时器/计数器的结构与工作原理

定时器/计数器是单片机的一个重要组成部分,了解它的结构与工作原理对于单片机应用系统的开发有很大帮助。

1. 定时器/计数器的结构

MCS-51 单片机中的定时器或计数器是对同一种结构进行不同的设置而形成的,其基本结构如图 5-7 所示。定时器/计数器 T0 和 T1 分别是由 TH0、TL0 和 TH1、TL1 两个 8 位计数器构成的 16 位计数器,两者均为加 1 计数器。

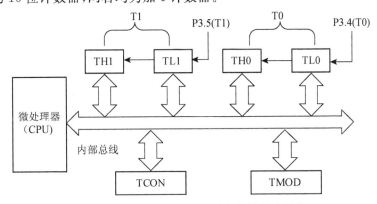

图 5-7　MCS-51 定时器/计数器的基本结构

从图 5-7 中可以看出,单片机内部与定时器/计数器有关的部件包括:

(1) T0 和 T1:均为 16 位计数器。

(2) 寄存器 TCON:控制两个定时器/计数器的启动和停止。

(3) 寄存器 TMOD:用来设置定时器/计数器的工作模式(用于计数或计时)。

两个定时器/计数器在内部通过总线与 CPU 连接,从而可以受 CPU 的控制并给 CPU 传送信号,从而请求 CPU 去执行规定的任务。

2. 定时器/计数器的工作原理

T0 或 T1 用作计数器时,通过单片机外部引脚 T0 或 T1 对外部脉冲信号计数。当加在 T0 或 T1 引脚上的外部脉冲信号出现一个由 1 到 0 的负跳变时,计数器加 1,如此继续下去,直至计数器产生溢出。

T0 或 T1 用作定时器时,外接晶振产生的振荡信号经 12 分频后提供给计数器,作为计数器的脉冲输入,计数器以 12 分频后的脉冲周期为基本计数单位,对输入的脉冲进行计数,直至产生溢出。

需要说明的是,无论 T0 或 T1 工作于计数模式还是计时模式,它们在对内部时钟脉冲或外部脉冲进行计数时都不占用 CPU 的时间,直到定时器/计数器产生溢出为止。它们的作用是当发生溢出后,通知 CPU 停下当前的工作,去处理"时间到"或"计数满"这样的事件。因此,定时器/计数器的工作并不影响 CPU 的其他工作。这也正是采用定时器/计数器的优点。如果让 CPU 计时或计数,结果就非常麻烦。因为 CPU 是按顺序执行程序的,如果让 CPU 计时 1 h 后去执行切换某电源的命令,那它就必须按顺序执行完延时 1 h 的延时程序后才能切断电源,而 CPU 在执行延时程序期间无法进行其他工作,如判断温度是否异常、有无气体泄漏等,这样有可能造成严重的后果。

5.6.3 定时器/计数器的控制

由于定时器/计数器必须在寄存器 TCON 和 TMOD 的控制下才能准确工作,因此必须掌握寄存器 TCON 和 TMOD 的控制方法。所谓"控制",就是对 TCON 和 TMOD 的位进行设置。

1. 定时器/计数器模式控制寄存器(TMOD)

寄存器 TMOD 是单片机中的一个特殊功能寄存器,其功能是控制定时器/计数器 T0、T1 的工作模式。TMOD 的字节地址为 89H,不可以对它行位操作,只能进行字节操作,一般采用给寄存器整体赋值的方法设置初始值,如 TMOD=0x01。在上电和复位时,TMOD 的初始值为 00H。TMOD 的格式如表 5-1 所示。

表 5-1 TMOD 的格式

位序	B7	B6	B5	B4	B3	B2	B1	B0
位符号	GATE	C/$\overline{\text{T}}$	M1	M0	GATE	C/$\overline{\text{T}}$	M1	M0

TMOD 寄存器中高 4 位用来控制 T1,低 4 位用来控制 T0。它们对定时器/计数器 T0、T1 的控制功能一样。下面以低 4 位控制 T0 为例来说明各位的具体控制功能。

(1) GATE:门控制位。该位用来控制定时器/计数器的启动模式。

GATE=0 时,只要用软件使 TCON 中的 TR0 置"1"(高电平),就可以启动定时器/计数器工作;GATE=1 时除了需要将 TR0 置"1"外,还需要外部中断引脚$\overline{\text{INT0}}$也为高电平,才能启动 T0 工作。

(2) C/$\overline{\text{T}}$:定时器/计数器模式选择位。

C/$\overline{\text{T}}$=0 时,定时器/计数器被设置为定时器工作模式;C/$\overline{\text{T}}$=1 时,定时器/计数器被设置为计数器工作模式。

(3) M1、M0 位:定时器/计数器工作模式设置位。

M1、M0 位的不同取值组合可以将定时器/计数器设置为不同的工作模式。M1、M0 位的不同取值与定时器/计数器工作模式的关系如表 5-2 所示。

表 5-2　定时器/计数器的工作模式设置

M1	M0	工作模式	说明
0	0	0	13 位定时器,TH0 的 8 位和 TL0 的低 5 位,最大计数值为 2^{13}=8192
0	1	1	16 位定时器,TH0 的 8 位和 TL0 的低 8 位,最大计数值为 2^{16}=65536
1	0	2	带自动重装功能的 8 位计数器,最大计数值为 2^8=256
1	1	3	T0 分成两个独立的 8 位计数器,T1 在模式 3 时停止工作

2. 定时器/计数器控制寄存器(TCON)

TCON 是一个特殊功能寄存器,其主要功能是接收各种中断源送来的请求信号,同时也对定时器/计数器进行启动和停止控制。TCON 的字节地址是 88H,它有 8 位,每位均可进行位寻址。例如,可使用指令"TR0=1;"将 TR0 位置"1"。TCON 的格式如表 5-3 所示。

表 5-3　TCON 的格式

位地址	8FH	8EH	8DH	8CH	8BH	8AH	89H	88H
位符号	TF1	TR1	TF0	TR0				

TCON 的高 4 位用于控制定时器/计数器的启动和中断请求,低 4 位与外部中断有关,这里仅介绍其高 4 位的功能。

(1) TF1 和 TF0:定时器/计数器 T1 和 T0 的溢出标志位。当定时器/计数器工作产生溢出时,会将 TF1 或 TF0 置"1",表示定时器/计数器有中断请求。

(2) TR1 或 TR0:定时器/计数器 T1 和 T0 的启动/停止位。在编写程序时,若将 TR1 或 TR0 位置"1",那么相应的定时器/计数器就开始工作;若置"0",那么相应的定时器/计数器就停止工作。

3. 定时器/计数器的 4 种工作方式

T0、T1 的定时/计数功能可由 TMOD 的 C/$\overline{\text{T}}$ 位控制,而工作方式则由 TMOD 的 M1、

M0 位共同控制。在 M1、M0 位的控制下,定时器/计数器可以在 4 种不同的方式下工作,用户可根据不同场合进行选择。

1) 工作方式 0

当 M1M0＝00 时,定时器/计数器 T1 选定为工作方式 0。在这种工作方式下 T1 为 13 位定时器/计数器,这时 T1 的等效电路如图 5-8 所示,它由 TL1 的低 5 位和 TH1 的 8 位共同构成。当这个计数器计数溢出时,则置位 TCON 的溢出标志位 TF1,表示有中断请求。

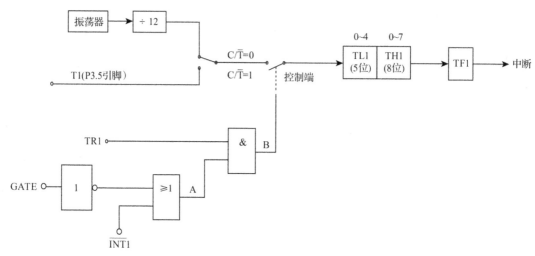

图 5-8　T1 在工作方式 0 下的等效电路

由图 5-8 可知,TMOD 的标志位 C/$\overline{T}$ 控制的电子开关决定了定时器/计数器的工作模式。

① 当 C/$\overline{T}$＝0 时,电子开关打在上面的位置,T1 为定时器工作模式。此时计数器的计数脉冲是单片机内部振荡器经 12 分频后的信号。

② 当 C/$\overline{T}$＝1 时,电子开关打在下面的位置,T1 为计数器工作模式。此时计数器的计数脉冲为 P3.5 引脚上的外部输入脉冲,当输入脉冲发生负跳变时,计数器加 1。

T1 或 T0 能否启动工作,取决于 TR1、TR0、GATE 和引脚 $\overline{INT1}$、$\overline{INT0}$ 的状态,其规定如下:

① 当 GATE＝0 时,只要 TR1 或 TR0 为 1 就可以启动 T1 或 T0 工作。

② 当 GATE＝1 时,只有 $\overline{INT1}$ 或 $\overline{INT0}$ 引脚为高电平且 TR1 或 TR0 置 1 时才能启动 T1 或 T0 工作。

2) 工作方式 1

以 T1 为例,当 M1M0＝01 时,定时器/计数器 T1 被选定为工作方式 1。在这种工作方式下 T1 为 16 位定时器/计数器,这时 T1 的等效电路图如图 5-9 所示,它由 TL1 的 8 位和 TH1 的 8 位共同构成。当这个计数器计数溢出时,则置位 TCON 的溢出标志位 TF1,表示有中断请求,同时 16 位计数器复位为 0。

除了计数位数不同外,定时器/计数器在方式 1 的工作原理与方式 0 完全相同,其启动与停止的控制方法也和方式 0 完全相同。

3) 工作方式 2

对于 MCS-51 系列单片机的定时器/计数器,若处于工作方式 0 和工作方式 1 下计数溢出时复位为 0,在许多场合需要重复计数和循环定时,因此就存在重新装入初值问题。这样一方面影响定时精度,另一方面也给程序编写带来麻烦。工作方式 2 就解决了这个问题。

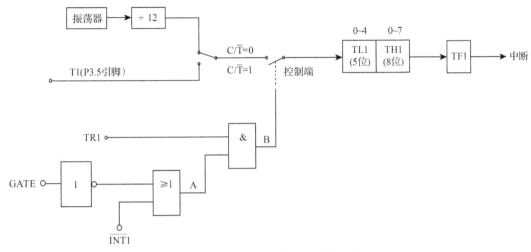

图 5-9　T1 在工作方式 1 下的等效电路

以 T1 为例,当 M1M0＝10 时,定时器/计数器 T1 被选定为工作方式 2。在这种工作方式下,T1 为自动重装初值的 8 位定时器/计数器,这时 T1 的等效电路图如图 5-10 所示。

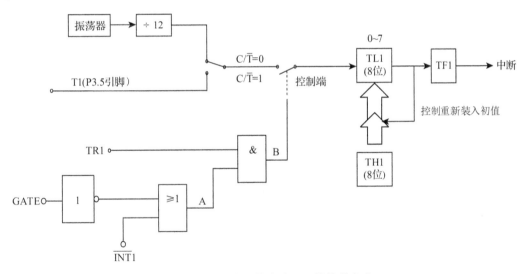

图 5-10　T1 在工作方式 2 下的等效电路

由图 5-10 可知,它由 TL1 构成 8 位定时器/计数器,TH1 作为定时器/计数器初值的常数缓冲器。当 TL1 计数溢出时,置溢出标志位 TF1 为 1 的同时,它还自动将 TH1 的初值送入 TL1,使 TL1 从初值开始重新计数。这样既提高了定时精度,同时应用时只需在开始时赋初值 1 次,无需重复赋初值,简化了程序的编写。

4）工作方式 3

图 5-11 所示为定时器/计数器 T0 在工作方式 3 下的等效电路。定时器/计数器处于

工作方式3时是两个独立的8位定时器/计数器,而且只有T0有工作方式3,如果把T1置为工作方式3,则T1自动处于停止状态。

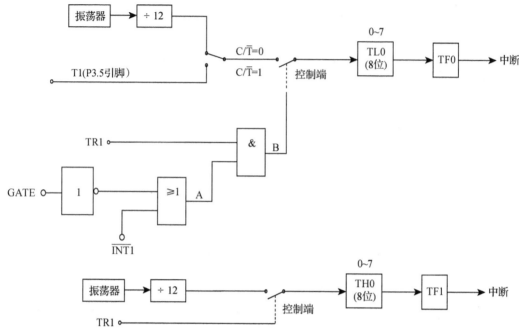

图5-11 T0在工作方式3(T0被拆成两个8位定时器/计数器)下的等效电路

T0处于工作方式3时,TL0构成的8位定时器/计数器可工作于定时/计数模式,并使用T0的控制位与TF0的中断源。TH0则只能工作于定时模式,使用T1的TR1位和TF1位的中断源。

一般情况下,使用前3种工作方式皆可满足需要,但是在某些特殊场合,必须要求T0工作于方式3,而T1工作于方式2(需要T1作为串行口波特率发生器),所以工作方式3适用于单片机需要一个独立的定时器/计数器、一个定时器和一个串行口波特率发生器的情况。

5) 定时器/计数器中定时/计数初值的计算

对于80C51内核的单片机,T1和T0都是增量计数器,因此不能直接将要计数的值作为初值放入寄存器中,而是将计数器的最大值减去实际要计数的值的差存入寄存器中。可采用如下定时器/计数器初值计算公式计算:

$$计数初值 = 2^n - 计数值$$

式中,n为由工作方式决定的计数器位数。

例如,当T0工作于方式0时,$n=16$,最大计数值为65536,若要计数10000次,需将初值设为$65536-10000=55536$。如果单片机采用的晶振频率为11.0592 MHz,则计数1次需要的时间(经12分频后的1个脉冲周期)为:

$$T_0 = \frac{12}{11.0592} \mu s = 1.085 \mu s$$

所以计数 10000 次实际上就相当于计时 $1.085 \times 10000 = 10850 \mu s$。

通过上面的分析可以看出,定时器/计数器不管是用于计数还是定时,其初值的设定方法都是一样的。下面通过一实例说明定时器/计数器的使用方法。

【实例 16】 用定时器 T0 的查询方式控制 P2 口的 8 位 LED 灯的闪烁。

本实例使用定时器 T0 的查询方式 TF0 来控制 P2 口的 8 位 LED 灯的闪烁,要求 T0 工作于方式 1,LED 灯的闪烁周期是 100 ms,即点亮 50 ms,熄灭 50 ms。本实例采用的电路原理图如图 5-12 所示。

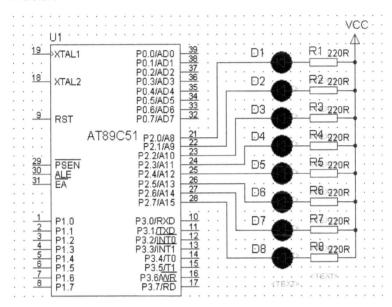

图 5-12 用定时器 T0 的查询方式控制 P2 口 8 位 LED 灯闪烁的电路原理图

1. 实现方法

1) 定时器 T0 工作方式的设置

用如下指令对 T0 的工作方式进行设置:

```
TMOD = 0x01;//即 TMOD= 00000001B,低 4 位表示 GATE= 0, C/T= 0,M1M0= 01
```

上述设置中,低 4 位的 C/$\overline{T}$＝0 使 T0 工作于计时方式,GATE＝0 使 TR0＝1 时即可启动 T0 开始工作,M1M0＝01 使 T0 工作于工作方式 1。

2) 定时器初值的设定

因为单片机的晶振频率为 11.0592MHz,所以经过 12 分频后送到 T0 的脉冲频率 $f = 11.0592$ MHz,周期 $T = 1/f = 12/11.0592 = 1.085 \mu s$。即每个脉冲计时 1.085 μs,若要计时 50 ms,则需要脉冲计数为 50000/1.085＝46083(次)。因此定时器的初值应设置为 65536 － 46083＝19453。

这个数需要 T0 的高 8 位寄存器(TH0)和低 8 位寄存器(TL0)来分别存储,这两个寄存器初值的设置方法如下:

```
THO= (65536-46083)/256;              //为定时器 T0 的高 8 位赋初值
TL0= (65536-46083)%256;              //为定时器 T0 的低 8 位赋初值
```

3）查询方式的实现

定时器 T0 开始工作后,可通过编程让单片机不断查询溢出标志位 TF0 是否为"1"。若为"1",则表示计时时间到;否则,等待。

2. 程序设计

先创建文件夹"e16",然后建创"e16"工程文件,最后创建源程序文件"e16. c",输入以下源程序:

```
//实例:用定时器 T0 的查询方式控制 P2 口的 8 位 LED 灯的闪烁
# include<reg51.h>                    //包含 MCS-51 系列单片机寄存器定义的头文件
/* * * * * * * * * * * * * * * * * * * * * * * * * * * * * * * * * * * *
函数功能:主函数
* * * * * * * * * * * * * * * * * * * * * * * * * * * * * * * * * * * */
void main(void)
{
    // EA=1;                          //开总中断
    //ET0=1;                          //允许定时器 T0 中断
    TMOD= 0x01;                       //使用定时器 T0 的工作方式 1
    TH0= (65536-46083)/256;           //为定时器 T0 的高 8 位赋初值
    TL0= (65536-46083)%256;           //为定时器 T0 的低 8 位赋初值
    TR0=1;                            //启动定时器 T0
    TF0=0;
    P2=0xff;
    while(1)//无限循环等待查询
    {
        while(TF0== 0)
            ;
        TF0=0;
        P2=~P2;
        TH0= (65536-46083)/256;      //为定时器 T0 的高 8 位赋初值
        TL0= (65536-46083)%256;      //为定时器 T0 的低 8 位赋初值
    }
}
```

3. 用 Proteus 软件仿真

以上程序代码经 Keil 编译器编译通过后,可利用 Proteus 软件进行仿真。在 Proteus ISIS工作环境中绘制好图 5-12 所示电路原理图,将编译好的"e16. hex"文件载入 AT89C51 芯片,启动仿真,即可看到 P2 口的 8 位 LED 灯开始闪烁(仿真效果图略)。

4. 用实验板实验

程序仿真无误后,将"e16"文件夹中的"e16. hex"文件烧录到 AT89C51 芯片中,再将烧录好的单片机芯片插入实验板上,通电运行即可看到和仿真类似的实验结果。

【实例 17】 用定时器 T1 的查询方式控制单片机发出 1 kHz 的音频。

本实例使用定时器 T1 的查询方式控制单片机发出 1 kHz 音频,所采用的电路原理图如

图 5 – 13 所示。

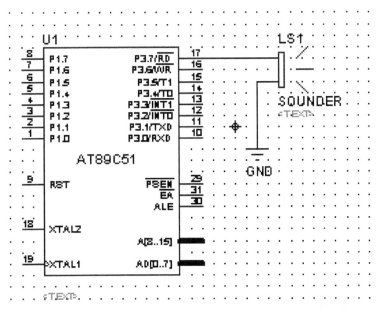

图 5 – 13　用定时器 T1 的查询方式控制单片机发出 1 kHz 音频的电路原理图

1. 实现方法

1）定时器 T1 工作方式的设置

用如下指令对 T0 的工作方式进行设置：

```
TMOD = 0x10,//即 TMOD = 00010000B,高 4 位表示 GATE= 0,C/T̄= 0,MlMO= 01
```

2）定时器 T1 初值的设定

要发出 1 kHz 的音频，只要让单片机送给蜂鸣器（接 P3.7 引脚）的电平信号每隔音频的半个周期取反一次即可。本实例采用的音频周期为 $1/1000 = 0.001$ s，即 1000 μs，则要计数的脉冲数为 $1000/1.085 = 921$（次）。所以，定时器 T1 的初值设置如下：

```
TH1= (65536- 921)/256;          //为定时器 T1 的高 8 位赋初值
TL1= (65536- 921)% 256;         //为定时器 T1 的低 8 位赋初值
```

2. 程序设计

先创建文件夹"e17"，然后创建"e17"工程文件，最后创建源程序文件"e17.c"，输入以下源程序：

```
//实例:用定时器 T1 的查询方式控制单片机发出 1 kHz 的音频
# include<reg51.h>                //包含 MCS-51 系列单片机寄存器定义的头文件
sbit sound=P3^7;                  //将 sound 位定义为 P3.7 引脚
/* * * * * * * * * * * * * * * * * * * * * * * * * * * * * * * * *
函数功能:主函数
* * * * * * * * * * * * * * * * * * * * * * * * * * * * * * * * */
void main(void)
```

```
    {
        // EA=1;                       //开总中断
        //ET0=1;                       //允许定时器 T0 中断
        TMOD= 0x10;                    //使用定时器 T1 的工作方式 1
        TH1= (65536-921)/256;          //为定时器 T1 的高 8 位赋初值
        TL1= (65536-921)%256;          //为定时器 T1 的低 8 位赋初值
        TR1=1;                         //启动定时器 T1
        TF1=0;
        while(1)                       //无限循环等待查询
        {
            while(TF1== 0)
                ;
            TF1= 0;
            sound=~ sound;             //将 P3.7 引脚输出电平取反
            TH1= (65536-921)/256;      //为定时器 T0 的高 8 位赋初值
            TL1= (65536-921)% 256;     //为定时器 T0 的低 8 位赋初值
        }
    }
```

3. 用 Proteus 软件仿真

以上程序代码经 Keil 编译器编译通过后,可利用 Proteus 软件进行仿真。在 Proteus ISIS工作环境中绘制好图 5-13 所示电路原理图,将编译好的"e17. hex"文件载入 AT89C51 芯片,启动仿真,即可听到计算机音箱发出"滴……"的 1 kHz 音频。

4. 用实验板实验

程序仿真无误后,将"e17"文件夹中的"e17. hex"文件烧录到 AT89C51 芯片中,再将烧录好的单片机芯片插入实验板上,通电运行即可看到和仿真类似的实验结果。

第6章 数组与指针

除了前面介绍了 C 语言的基本数据类型,C 语言还提供了构造类型的数据,本章将介绍构其中的一种——数组。此外,本章也会介绍 C 语言中的一个重要概念——指针。

6.1 数组的基本概念

前面几章介绍并使用了一些基本数据类型,如整型、浮点型、字符型等,它们都是基本的数据类型,只能具有一个独立的值,可以满足数据处理的基本要求。然而在实际应用中,在对数据进行处理时,有时为了方便,会把若干个相同类型的变量有序地组织起来,形成一个数据的集合。比如,要统计一个班上学生的成绩,假设有 4 个学生,如果使用基本数据类型,可以用 a1、a2、a3、a4 这 4 个整型变量来表示这 4 个学生的成绩。但是当班上的学生数为 40 时,此时就需要引入 40 个变量,程序就会非常繁琐,也就是说使用基本数据类型来描述和处理这类问题会显得力不从心。为此,C 语言提供了一种构造类型数据,即数组,来表示这类数据,可使程序变得简单清晰。

数组是指有限个属性相同、类型相同的数据的有序集合。表示该集合的名字称为数组名。数组名代表的不是一个数,而是一组数,是一组连续的内存单元。数组中的每个成员称为数组元素,由数组名和下标唯一地确定。数组中所有的数据都属于同一个数据类型,且它们的先后次序是确定的。

例如上面提到的例子,假设学生的成绩都是整数,在数组中可以这样描述它们:a[1],a[2], a[3], a[4]……a[40]。它们都是整型变量,既有相同的名字 a,又用不同的标号来相互区分,该标号称为下标,因此它们又被称为带下标的变量或数组元素。由于下标的变化是有规律的,所以对它们的处理就可以采用循环的方法。数组同其他类型的变量一样,也是必须先定义,后使用。下面详细介绍各类数组的定义和使用方法。

6.1.1 一维数组

1. 一维数组的定义

数组中的每个元素只带有一个下标的数组是一维数组。一维数组在内存中是顺序存储的,占用一段连续的地址空间。定义一维数组的格式如下:

类型说明符　数组名 [常量表达式];

其中,类型说明符可以是任意一种基本数据类型或构造数据类型;数组名是定义数组的标识符,类似于变量名;方括号内常量表达式指定数据元素个数,称为数组长度。例如:

```
int a[40]; //定义了一个整型数组,数组名为 a,此数组有 40 个元素
char b[10]; //定义一个字符型数组,数组名为 b,里面有 10 个元素
float c[20]; //定义一个浮点型数组,数组名为 c,里面有 20 个元素
```

一维数组在内存中的存储形式如下:

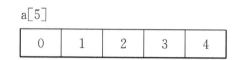

说明:

(1) 数组的类型实际上是数组元素的取值类型。对于同一个数组,其所有元素的数据类型都是相同的。

(2) 数组名的命名规则和变量名相同,遵循标识符命名规则,且不能与其他变量相同。例如,下面这种命名方式就是错误的:

```
……
int a;
float a[10];
……
```

(3) 方括号中的常量表达式表示数组元素的个数,即数组长度。如上例中的 a[40]表示有40 个元素。需要注意,下标是从 0 开始的,这 40 个元素分别是 a[0],a[1],a[2],……,a[39]。

(4) 常量表达式包含常量、常量表达式、符号常量,不能包含变量。

2. 一维数组的初始化

数组的初始化是指在定义数组时给数组元素赋初值。数组初始化使数组元素在程序运行前即在编译时就得到初值,这样可以少占用运行时间。可以在定义一维数组的同时给这个数组赋初值。

(1) 给全部数组元素赋初值。此时数组定义中的数组长度可以省略。例如:

```
int a[5]={1,2,3,3,4};
```

赋值时将数组元素的初值放在花括号内,各个值用逗号分开,并从数组下标为 0 的元素开始依次赋给数组中的各元素。本例中,经过上面的初始化后,a[0]=1, a[1]=2,a[2]=3,a[3]=3,a[4]=4。

定义时也可省略数组长度。如上例可以写为:

```
int a[]={1,2,3,3,4};
```

(2) 只给一部分元素赋值。例如:

```
int a[5]={1,2,3};
```

本例中定义 a 数组有 5 个元素,但花括号内只提供了 3 个初值,这表示按照顺序只给前

面的 a[0]、a[1]和 a[2]三个元素赋初值,后两个元素 a[3]和 a[4]的值为 0。

特别地,如果想使一个数组中的全部元素为 0,可以表示成如下形式:

```
int a [5]= { 0,0,0,0,0}
```

或

```
int a [5]= {0};
```

注意:如果对整型数组不赋初值,不要错误地以为每个数组元素的值自动为 0。

3. 一维数组的引用

定义了一个数组以后,数组中的各个元素就共用一个数组名,数组元素之间通过不同下标进行区分,通过下标引用每个数组元素。C 语言规定只能逐个引用数组元素,不能整体引用数组中的全部元素。一维数组的引用格式为:

数组名[下标];

方括号中的下标指的是元素在数组中的位置,可以是整型常量、整型变量或整型表达式,比如 a[2]、a[i＋＋]、a[i+j]都是合法的。例如:

```
a[2] = 5;                      //把 5 赋值给 a[2]
a[1] = a[2] + 5;               //把 a[2] + 5 的值赋给 a[1]
```

说明:引用数组元素时,下标上限(即最大值)不能越界。意思就是,若数组含有 n 个元素,则下标的最大值为 n−1,若超出此界限,C 编译程序并不给出错误信息,程序仍可以运行,但可能导致不正确的结果。

下面通过一个例子体会一下一维数组的定义和使用。

【例 6-1】 定义一个数组,按照数组元素值的大小排序。

```
main ()
{
    int a[10] ={ 0,3,58,30,89,8,34,9,39,2 };
    int temp, t, max ;
    for (int i =0 ; i<10 ;i++)         //从第 0 个元素开始
    {
        p= i ;                         //保存当前元素的标号
        max =a[i]                      //保存当前元素的值
        for (int j =i+1 ;j<10 ; j++)   //从当前元素的下一个元素开始
        {
            if   (max < a [j] )
            {
                p= j ;                 //替换成较大值元素的标号
                max=a [j] ;            //替换成较大的值
            }
        }   //内循环,从当前值 1 到 10 比较一次后,得到本次遍历的最大值
        if ( i! =p)                    //如果最大值不是当前元素 a[i]
        {
            temp=a [i] ;
```

```
            a[i]=a[p];
        }
    } //外循环
}
```

解析:本例是对整型数组进行排序。

(1) 首先定义一个有 10 个元素的数组 a[10]并赋初值。

(2) 设置一个 for 循环,从第 0 个元素开始到第 9 个元素结束,循环里面保存当前元素的下标到变量 p,假定当前元素值最大,将该值保存到变量 max。

(3) 设置第二个 for 循环,从当前元素+1 开始到第 9 个元素结束。

(4) 第二个 for 循环将 max 与从 a[i+1]到最后一个元素逐个比较,一旦发现较大者,将较大者保存到 max,下标保存到变量 p。

(5) 如果最大值不是 a[i]的值,则交换 a[i]和本次循环中值最大的元素的值。

(6) i +1 后重复步骤(2)到(5)。

经过以上步骤处理后,第 1 次外层循环执行完后,使得 a[0]保存最大值;第二次外层循环执行完后,使得 a[1]保存第二大值……以此类推,直到第 10 次外层循环执行完毕,就完成了将原数组元素的值按照从大到小的顺序进行排序。

6.1.2 二维数组

在实际应用中,很多问题所涉及的数据是二维的或多维的,比如数学中矩阵的存放,因此需要用到二维数组。

1. 二维数组的定义

定义二维数组的格式如下:

类型说明符 数组名[常量表达式 1][常量表达式 2];

其中,常量表达式 1 指定一维数组的长度,常量表达式 2 指定二维数组的长度。例如:

```
int a[3][4];
```

说明:上例定义 a 为一个 3×4 即 3 行 4 列的数组,包含 12 个元素。

(1) 二维数组中的每一个数组元素均有两个下标,且必须分别放在"[ ]"内,如上例不能写成"a[3 4]"。

(2) 二维数组中的第一个下标表示该数组具有的行数,第二个下标表示该数组具有的列数,两个下标之积是该数组具有的元素个数。上例表示二维数组共有 12 个数组元素,各元素按下列格式排列:

	第 0 列	第 1 列	第 2 列	第 3 列
第 0 行	a[0][0]	a[0][1]	a[0][2]	a[0][3]
第 1 行	a[1][0]	a[1][1]	a[1][2]	a[1][3]
第 2 行	a[2][0]	a[2][1]	a[2][2]	a[2][3]

以二维数组 a[2][3]为例,其在内存中的存储形式如下:

a[2][3]		
a[0][0]	a[0][1]	a[0][2]
a[1][0]	a[1][1]	a[1][2]

a[0][0]
a[0][1]
a[0][2]
a[1][0]
a[1][1]
a[1][2]

(3) 二维数组 a 中每个元素的数据类型均相同,都只能存放整型数据。

(4) 在使用数组元素时,应注意可以使用的最大行下标和最大列下标,不要超出数组范围。

一个二维数组可以看成一种特殊的一维数组。比如 a[3][4]就可以看成 3 个一维数组,分别为 a[0]、a[1]、a[2],每个一维数组含有 4 个元素。

2. 二维数组的初始化

下面介绍二维数组的初始化的几种方式。

1) 对数组的全部元素赋初值

(1) 分行给二维数组赋初值。例如:

```
int a[2][4] = {{1,2,3,4}, {5,6,7,8}};
```

该语句执行后数组 a 的各个元素值为:a[0][0]=1,a[0][1]=2,a[0][2]=3,a[0][3]=4,a[1][0]=5,a[1][1]=6,a[1][2]=7,a[1][3]=8。

(2) 按数组存储时的排列顺序赋初值。例如:

```
int a[2][4] = {1,2,3,4,5,6,7,8};
```

该语句执行后数组 a 的各个元素值同上。

(3) 省略第一维长度来给二维数组赋初值。例如:

```
int a[ ][5] = {1,2,3,4,5,6,7,8,9,10};
int a[ ][5] = {{1,2,3,4,5}, {6,7,8,9,10}};
```

以上语句执行之后,自动计算出第一维长度 10/5=2,因此各元素的值同上。

2) 对数组的部分元素赋初值

例如:

```
int a[2][4] = {{1,2},{5}};
```

该语句执行后的数组 a 的各个元素值为:a[0][0]=1,a[0][1]=2,a[1][0]=5,其余元素值均为 0。

3. 二维数组的引用

从概念上说,二维数组的下标在行、列两个方向上变化,而从实际的硬件存储结构上来说,二维数组是连续编址的。同一维数组一样,二维数组也是先定义后使用。二维数组的引用格式如下：

数组名［下标 1］［下标 2］；

说明：

（1）引用二维数组元素时，下标可以是整型常量、整型变量或整型表达式。

（2）引用二维数组元素时，每一维下标都不能越界。如数组 a［n］［m］，其行下标的范围为 0～n－1，列下标的范围为 0～m－1，不存在 a［n］［m］这个元素。

下面通过一个例子来说明二维数组的使用方法。假如要采集 5 户居民的用电记录，对每一户记录剩余电量和耗电总量两个数据，可以使用二维数组来保存这些数据。

【6 - 2】 使用二维数组记录 5 户居民的剩余电量和耗电总量。

```
……
main()
{
    float  a[5][2] ; //定义 5×2 的二维数组
    a[0][0] = 用户 1 剩余电量；
    a[0][1] = 用户 1 耗电总量；
    ……   //此段代码为保存每一户的用电参数
    a[4][0] = 用户 5 剩余电量；
    a[4][1] = 用户 5 剩余电量；
}
```

解析：由于有 5 户居民，每一户有 2 个参数需要保存，因此先定义了一个 5×2 的二维数组。后面的代码就是保存每一户的用电参数，可以看出，二维数组的引用和赋值跟一维数组的非常相似，下标都是从 0 开始，到 size－1 结束。

6.1.3 多维数组

多维数组的维度更多，它的基本原理和二维数组是相同的，其定义、引用、赋值的方法与二维数组的也完全相同。定义多维数组的方法如下：

类型说明符   数组名［常量表达式 1］［常量表达式 2］……［常量表达式 n］；

引用多维数组的方法如下：

数组名［下标 1］［下标 2］……［下标 n］；

如定义一个三维数组 n［2］［3］［4］，可知它是一个大小为 2×3×4 的数组，可以用 n［i］［j］［k］来访问其中的某一个元素，也可以对其赋值。多维数组也可以由二维数组类推而得到。

6.2 字符数组

6.2.1 字符数组的定义、初始化与引用

字符数组的定义、初始化及引用方法同前面介绍的一维数组和二维数组类似，只是其类

型说明符为 char。此外,对字符数组进行初始化或赋值时,数据使用字符常量或相应的 ASCII 码。例如:

```
char c[10], str[2][2];          /* 字符数组的定义* /
char c[3] = {'r', 'e', 'd'};    /* 字符数组的初始化* /
```

字符数组中的每一个元素均占一个字节,且以 ASCII 码的形式来存放字符数据。

由于字符型与整型是互相通用的,因此也可以定义一个整型数组,用它来存放字符数据,例如:

```
int c[3];
c[0] = 'a';
```

初始化时,如果花括号"{ }"中提供的初值个数(即字符个数)大于数组长度,则按语法错误处理;如果初值个数小于数组长度,则只将这些字符赋给数组中排在前面的那些元素,其余的元素自动定义为空字符(即'\0')。

6.2.2　字符串常量与字符数组

所谓字符串常量(即字符串)指用双引号括起来的若干有效字符序列。在 C 语言中,字符串常量可以包含字母、数字、转义字符等。

由于 C 语言中没有提供字符串变量(即专门存放字符串的变量),所以对字符串的处理常常采用字符数组来实现。然而字符串有长有短,如何对字符串进行处理(如测定字符串的实际长度、两个字符串的连接等)呢? C 语言规定了一个字符串结束标志,以字符'\0'表示。'\0'指 ASCII 码为 0 的字符,它是一个不可显示的字符,也是一个空操作字符,即不进行任何操作,只作为一个标记。

C 语言中,系统自动在每一个字符串的最后加入一个字符'\0'作为字符串的结束标志。例如,有一个字符串,前面 5 个字符都不是空字符,而第 6 个字符是'\0',则表示该字符串结束,该字符串共有 5 个有效字符。

例如,字符串"hello"在内存单元中的存储形式如表 6-1 所示。

表 6-1　字符串"hello"的存储形式

'h'	'e'	'l'	'l'	'o'	'\0'
c[0]	c[1]	c[2]	c[3]	c[4]	c[5]

1. 字符数组的初始化

(1) 以字符常量的形式对字符数组初始化。例如:

```
char c1[5] = {'h','e','l','l','o'};
```

又可写成

```
char c1[ ] = {'h','e','l','l','o'};
```

（2）以字符串常量的形式对字符数组初始化。例如：

```
char c2[6] = {"hello"};
char c2[] = {"hello"};
```

说明：以字符串常量的形式对字符数组初始化时，系统会自动地在该字符串的最后加入字符结束标志'\0'，因此数组 c2 的长度为 6。而以字符常量的形式对字符数组初始化时，系统不会自动地在该数组的最后加入字符'\0'，因此数组 c1 的长度为 5。若人为地加入字符'\0'，如"char c1[] = {'h','e','l','l','o','\0'};"，则数组 c1 的长度也为 6。

2. 字符数组的输入与输出

字符数组的输入与输出有两种形式：逐个字符的输入与输出以及字符串（即整串）的输入和输出。

注意：输出字符不包括结束字符'\0'。如果一个字符数组中包含一个以上的'\0'，则遇到第一个'\0'时输出就结束。

下面通过两个实例，请读者体会一下在单片机编程中数组的用法。

【实例 18】 用字符数组控制 P0 口的 8 位 LED 灯流水点亮。

本实例使用字符数组控制 P0 口 8 位 LED 灯流水点亮，采用的电路原理图如图 6-1 所示。

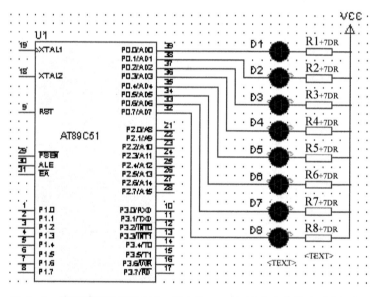

图 6-1 用字符型数组控制 P0 口 8 位 LED 灯流水点亮的电路原理图

1. 实现方法

只要把流水点亮 P0 口 8 位 LED 灯的控制码赋给一个数组，再引用数组元素并送至 P0 口显示即可。本实例使用无符号字符数组，其定义如下：

```
unsigned char code Tab []= {0xfe, 0xfd, 0xfb, 0xf7, 0xef, 0xdf, 0xbf, 0x7f} ;
```

上述数组中的各个元素在使用过程中不发生变化。此时，使用关键字 code 可以大大减小数组的存储空间,尤其在存储变量较多时,使用关键字 code 的意义重大。

2. 程序设计

先创建文件夹"e18",然后创建"e18"工程项目,最后创建源程序文件"e18.c",输入以下源程序:

```
//实例:用字符数组控制 P0 口的 8 位 LED 灯流水点亮
# include<reg51.h>    //包含单片机寄存器定义的头文件
/* * * * * * * * * * * * * * * * * * * * * * * * * * * * * * * *
函数功能:延时约 60 ms (3*100*200= 60000 μs= 600 ms)
* * * * * * * * * * * * * * * * * * * * * * * * * * * * * * * */
void delay60ms(void)
{
    unsigned char m,n;
    for(m=0;m<100;m++)
        for(n=0;n< 200;n++)
            ;
}
/* * * * * * * * * * * * * * * * * * * * * * * * * * * *
函数功能:主函数
* * * * * * * * * * * * * * * * * * * * * * * * * * * */
void main(void)
{
    unsigned char i;
    unsigned char code Tab[ ]={0xfe,0xfd,0xfb,0xf7,0xef,0xdf,0xbf,0x7f};
    //定义无符号字符数组
    while(1)
    {
        for(i=0;i<8;i++)
        {
            P0= Tab[i];//依次引用数组元素,并将其送至 P0 口显示
            delay60ms();//调用延时函数
        }
    }
}
```

3. 用 Proteus 软件仿真

以上程序代码经 Keil 编译器编译通过后,可利用 Proteus 软件进行仿真。在 Proteus ISIS工作环境中绘制好图 6-1 所示电路原理图,将编译好的"e18.hex"文件载入 AT89C51 芯片中,启动仿真,即可看到 P0 口的 8 位 LED 灯被循环流水点亮,仿真效果图略。

4. 用实验板实验

程序仿真无误后,将"e18"文件夹中的"e18.hex"文件烧录到 AT89C51 芯片中,再将烧录好的单片机芯片插入实验板上,通电运行即可看到和仿真类似的实验结果。

【实例 19】 用 P0 口显示字符串常量。

本实例使用 P0 口显示字符串常量:"Now,Beijing Timer is:",采用的电路原理图如图 6-1 所示。

1. 实现方法

可以将待显示的字符串常量赋值给一个字符数组,如下所示:

```
unsigned char str[ ]= {"Now,Beijing Timer is:"};
```

然后,通过数组元素引用的方法,依次将各元素送至 P0 口显示。因为字符数组中各字符数据在单片机中是以字符的 ASCII 码存放的,例如'a'的 ASCII 码为 97,将'a'送至 P0 口就相当于把数据 97 送至 P0 口,所以 P0 口的各 LED 灯会相应地被点亮。

2. 程序设计

先创建文件夹"e19",然后创建"e19"工程项目,最后创建源程序文件"e19.c",输入以下源程序:

```c
//实例：用 P0 口显示字符串常量
# include<reg51.h>    //包含单片机寄存器定义的头文件
/*******************************************************
函数功能：延时约 150 ms (3*200*250= 150000μs=150 ms
******************************************************** /
void delay150ms(void)
{
    unsigned char m,n;
    for(m=0;m<200;m++)
      for(n=0;n< 250;n+ + )
         ;
}
/*******************************************************
函数功能：主函数
*******************************************************/
void main(void)
{
    unsigned char str[]= {"Now,Beijing Timer is :"};
//将字符串赋值给字符数组的全部元素赋值
    unsigned char i;
    while(1)
    {
      i= 0;   //将 i 初始化为 0,从第一个元素开始显示
      while(str[i]! ='\0') //只要没有显示到结束标志'\0'
      {
          P0=str[i];                //将第 i 个字符送至 P0 口显示
          delay150ms();             //调用 150 ms 延时函数
          i++;                      //指向下一个待显示字符
      }
    }
}
```

3. 用 Proteus 软件仿真

以上程序代码经 Keil 编译器编译通过后,可利用 Proteus 软件进行仿真。在 Proteus ISIS工作环境中绘制好电路原理图,将编译好的"e19.hex"文件载入 AT89C51 芯片中,启动

仿真,即可看到 P0 口的 8 位 LED 开始循环闪烁,仿真效果图略。

4. 用实验板实验

程序仿真无误后,将"e19"文件夹中的"e19. hex"文件烧录到 AT89C51 芯片中,再将烧录好的单片机芯片插入实验板上,通电运行即可看到和仿真类似的实验结果。

【实例 20】 用数组作为函数参数控制 P0 口的 8 位 LED 灯流水点亮。

本实例使用数组作为参数控制 P0 口 8 位 LED 灯流水点亮,采用的电路原理图与实例 11 相同。

1. 实现方式

先定义流水灯控制码数组,再定义流水灯点亮函数,使其形参为数组,并且数据类型与实参数组(流水灯控制码数组)的数据类型一致。

2. 程序设计

先创建文件夹"e20",然后创建"e20"工程项目,最后创建源程序文件"e20. c",输入以下源程序:

```
//实例:用数组作为函数参数控制 P0 的 8 位 LED 灯流水点亮
# include< reg51.h>
/*******************************
函数功能:延时约 150 ms
*******************************/
void delay(void)
{
    unsigned char m,n;
    for(m=0;m<200;m++)
        for(n=0;n<250;n++)
            ;
}
/*******************************
函数功能:流水点亮 P0 口的 8 位 LED 灯
*******************************/
void led_flow(unsigned char a[8])
{
    unsigned char i;
    for(i=0;i<8;i++)
    {
        P0=a[i];
        delay();
    }
}

/*******************************
函数功能:主函数
*******************************/
void main(void)
{
    unsigned  char code Tab[ ]= {0xfe,0xfd,0xfb,0xf7,0xef,0xdf,0xbf,0x7f};
    //流水灯控制码
```

```
    led_flow(Tab);

    }
```

3．用 Proteus 软件仿真

以上程序代码经 Keil 编译器编译通过后，可利用 Proteus 软件进行仿真。在 Proteus ISIS工作环境中绘制好图 4－17 所示电路原理图，将编译好的"e20.hex"文件载入 AT89C51 芯片中，启动仿真，即可看到 P0 口的 8 位 LED 灯先后以不同的速度被流水点亮，仿真效果图略。

4．用实验板实验

程序仿真无误后，将"e20"文件夹中的"e20.hex"文件烧录到 AT89C51 芯片中，再将烧录好的单片机芯片插入实验板上，通电运行即可看到和仿真类似的实验结果。

6.3　指针

指针是 C 语言中的一个重要概念，也是 C 语言的一个重要特色。正确而灵活地运用指针可以有效表示复杂的数据结构，动态分配内存，方便使用字符串与数组。总之，掌握指针的应用，可以使编写的程序简洁、高效。但是，指针的概念比较复杂，使用方式比较灵活，若使用不当会产生令程序失控的严重错误。因此只有正确理解指针的概念并掌握它的使用方法，才能更好地发挥出指针的功能。

6.3.1　指针与指针变量

1．指针与地址

计算机中的所有数据都是顺序存放在存储器中的。一般把存储器中的一个字节称为一个内存单元或者存储单元，不同类型的数据所占用的内存单元数也不同。为了正确访问这些内存单元，必须为每个内存单元编上号。根据一个内存单元的编号即可准确地找到该内存单元。内存单元的编号也叫做地址，通常把这个地址称为指针。内存单元的指针和内存单元的内容是两个不同的概念，对于一个内存单元来讲，单元的地址即指针，其中存放的数据才是该单元的内容。

2．指针运算符

C 语言中提供了两个与指针有关的运算符："&"和"＊"。"&"是取地址运算符，它是单目运算符，其结合性为自右至左，其功能是取得变量所占用的内存单元的首地址。在利用指针变量进行间接访问之前，一般都必须使用该运算符将某变量的地址赋给相应的指针变量。"＊"是间接访问运算符，它是单目运算符，其结合性为自右至左，其功能是通过指针变量来间接访问它所指向的变量。在"＊"之后跟的变量必须是指针变量。例如：&a 表示变量 a 的地址，＊p 表示指针变量 p 所指向变量的内容即变量的值。

需要注意的是,指针运算符"＊"和指针变量定义中的指针说明符"＊"不是一回事,虽然符号都一样,但是在指针变量定义中,"＊"是类型说明符,表示其后的变量是指针型;而表达式中出现的"＊"则是一个运算符,表示指针变量所指的变量。请读者注意区别。

3. 指针变量的基本概念

在 C 语言中,允许用一个变量来存放指针,这种变量称为指针变量,所以一个指针变量的值就是某个内存单元的地址,或称为某个内存单元的指针。设有字符变量 b,其内容为 k,变量 b 占用了 0101H 号内存单元,当有指针变量 p,其内容为 0101H 时(如图 6-2 所示),称为"p 指向变量 b"或者"p 是指向变量 b 的指针"。

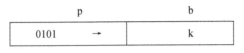

图 6-2　指向变量 p 的指针变量

严格地说,一个指针就是一个地址,是一个常量,而一个指针变量却可以被赋予不同的指针值,是变量。但通常把指针变量简称为"指针"。为了避免混淆,一般约定:"指针"指地址,是常量;"指针变量"指取值为地址的变量。定义指针的目的是为了通过指针去访问内存单元。

在 C 语言中一种数据类型或数据结构往往都占有一组连续的内存单元。用"地址"这个概念并不能很好地描述一种数据类型或数据结构,而"指针"虽然实际上也是一个地址,但它却是一个数据结构的首地址,它是"指向"一个数据结构的,因而概念更为清楚,表示更为明确。这也是引入"指针"概念的一个重要原因。

6.3.1　指针变量的定义和引用

1. 指针变量的定义

定义指针变量的一般格式为:

类型说明符　＊指针变量名;

其中,＊为说明符,代表这是一个指针变量;指针变量名为用户自定义标识符;类型说明符表示该指针变量所指向的变量的数据类型。例如:

```
int *p1;
```

该定义表示 p1 是一个指针变量,它的值是某个整型变量的地址,或者说 p1 指向一个整型变量。但 p1 具体指向哪一个整型变量,应由 p1 被赋予的地址来决定。

2. 指针变量的赋值

与普通变量一样,指针变量在使用之前不仅需要定义,而且必须被赋予具体的值。未经赋值的指针变量不能使用,否则将造成系统混乱,甚至死机。同时,指针变量只能被赋予地址,决不能被赋予任何其他数据,否则将引起错误。

在 C 语言中,初始变量的地址是由编译系统分配的,对用户完全透明,用户不知道具体的地址。一个指针变量可以通过不同的方法获得地址值,从而指向一个具体对象。指针变量的赋值方法一般有两种。

(1) 通过取地址运算符获得地址值。例如：

```
int k;
int *q;
q=&k;
```

其中，"q=&k;"是把 k 的地址赋给了指针变量 q,这时也可以说"q 指向了 k"。取地址运算符只能用于变量,不可用于表达式。

(2) 直接赋初值。例如,下面的代码是在定义指针时就把整型变量 a 的地址作为初值赋给指针：

```
int *p =&a;
```

在通过取地址运算符进行赋值操作时,指针变量前面是不允许加"*"的。另外,C 语言不允许将一个常量赋值给指针变量,例如"p=123"这种写法是不正确的。

3. 指针变量的引用

当指针变量存放了一个具体地址时,就可以用间接访问运算符"*"来引用指针变量所指向变量的内容。引用指针变量的一般格式为：

* 指针变量

假设有以下语句：

```
int *p, i=10, j;
p= &i;              /*将整型变量 i 的地址赋给指针变量 p*/
j = *p;             /*将指针变量 p 所指向的变量 i 的值赋给整型变量 j*/
```

最后一个语句把指针变量 p 所指向变量 i 的内容取出赋给变量 j。这里的 * p 代表指针变量 p 所指向的变量 i,以上语句等价于"j=i;"。间接访问运算符"*"必须出现在运算对象的左边,其运算对象可以是地址或者是存放地址的指针变量,即"*"右边可以是地址。例如,"j= *(&i)"表示取地址 &i 中的内容赋给变量 j。由于运算符"&"和"*"的优先级相同,其结合性为自右至左,因此表达式中的括号可以省略,即可写成"j = * &i ;"。

例如：

```
j = *p+1 ;
```

以上语句表示取指针变量 p 所指向变量的值并加 1 后赋予变量 j。

若有以下语句：

```
int *p, k;
p=&k;
*p =100 ;           /* 等价于 k =100* /
```

此后若有语句"*p=*p+1;",则表示取指针变量 p 所指向变量的值加 1 后再存入指针变量 p 所指向的变量中,变量 k 的值增加 1 为 101。以上语句等价于"*p+=1;"或"++*p;"

或"(* p)＋＋;"。注意:括号不可少,若无括号,则" * p＋＋;"表示先取到指针变量 p 所指向变量中的内容 100,然后使指针变量 p 本身的值增加 1,并不会使其所指向变量的值增加 1。

6.3.2　指针变量的运算

指针变量可以进行某些运算,但运算的种类是有限的,它只能进行赋值运算以及部分算术运算和关系运算。

1. 指针变量的赋值运算

指针变量的赋值运算有以下几种形式:

(1) 指针变量的初始化赋值,前面已介绍。

(2) 把一个变量的地址赋予指向相同类型的指针变量。例如:

```
int a, *pa;
pa= &a ;                 //把整型变量 a 的地址赋予整型指针变量 pa
```

(3) 把一个指针变量的值赋予指向相同类型变量的另一个指针变量。例如:

```
int a, *pa =&a, *pb ;
pb = pa ;                //把 pa 的地址赋予指针变量 pb
```

由于 pa、pb 均为指向整型变量的指针变量,因此可以相互赋值。

(4) 把字符串的首地址赋予指向字符串的指针变量。例如:

```
char *pc ;
pc= "C language";
```

或用初始化赋值的方法,即

```
char * pc = "C language";
```

这里需要说明的是,并不是把整个字符串装入指针变量,而是把存放该字符串的字符数组的首地址装入指针变量。

(5) 把函数的入口地址赋予指向函数的指针变量。例如:

```
int(*pf)() ;
pf = f ;            //f 为函数名
```

2. 指针变量的算术运算

1) 指针加减整数

可以通过对指针与一个整数进行加减运算来移动指针。设 p 是指向同一类型的一串连续存储单元的指针,n 为整数,则 p＋n, p－n, p＋＋,p－－, ＋＋p, －－p 等都是合法的。进行加法运算时,表示 p 向地址增大的方向移动;进行减法运算时,表示 p 向地址减小的方向移动。它们的含义分别是:

(1) p＋n 表示指针后移,指向当前位置 p 后的第 n 个存储单元。

（2）p—n 与 p+n 指向的方向相反，表示指针前移，指向当前位置前的第 n 个存储单元。

（3）p++和++p 表示当前指针位置后移一个存储单元。

（4）p——和——p 表示当前指针位置前移一个存储单元。

移动的具体长度取决于指针的数据类型，由计算机系统自动决定。这里的数字"1"不代表十进制整数"1"，而是指一个存储单元长度，至于一个存储单元长度占多少存储空间，则视指针的数据类型而定。

2）两个指针相减

指向同一个数组的两个指针可以相减。例如，有两个指针指向同一个字符串，其中一个指向字符串的首地址，另一个指向字符串的结束符，那么这两个指针相减的绝对值就是该字符串所具有的字符个数，即字符串长度。

3. 指针变量的关系运算

指向同一个数组的两个指针可以进行比较。如果两个指向同一个数组的指针相等，则表示这两个指针是指向同一个元素，否则代表这两个指针指向不同的元素。

例如 p 和 q 两个指针指向同一个数组，则可以对它们进行关系运算，如 p＞q 或者 p＜q，其运算结果可以为真也可以为假。

6.3.4　指向指针的指针

一个指针可以指向整型变量、实型变量、字符型变量，也可以指向指针型变量。当一个指针指向指针型变量时，称之为指向指针的指针，又称之为双重指针。

前面已经介绍过，通过指针访问变量称为间接访问。由于指针指向变量，所以称为"单级间址"，而通过指向指针的指针来访问变量则称为"二级间址"。定义指向指针的指针的一般格式为：

类型标识符　　∗∗指针变量名；

例如："int ∗∗p ;"表示定义了一个指针变量 p，它指向另一个指针变量（该指针变量又指向一个整型变量），这是一个二级指针。间接访问运算符"∗"是按照自右至左的顺序结合的，因此上述定义相当于" int ∗(∗p) ;"，可以看出(∗p)是指针变量形式，它外面的"∗"表示 p 指向的又是一个指针变量，而 int 表示后一个指针变量指向的是整型变量。

6.3.5　指针数组

指针可以指向某类变量，也可以指向数组。以指针为元素的数组称为指针数组。这些指针应具有相同的存储类型并且所指向数据的类型也必须相同。

定义指针数组的一般格式如下：

类型说明符　　∗指针数组名[元素个数]；

例如：

```
int ∗ p[2];    // p[2]是含有 p[0]和 p[1]两个指针的指针数组,指向整型数据
```

指针数组的初始化可以在定义的同时进行，例如：

```
unsigned char a[]= {0,1,2,3};
unsigned char *p[4]= {&a[0], &a[1], &a[2], &a[3]};    //存放的元素必须为地址
```

6.3.6　指向数组的指针

一个变量有地址,一个数组元素也有地址,所以可以用一个指针指向一个数组元素。如果一个指针存放了某数组的第一个元素的地址,就说该指针是指向这一数组的指针。数组的指针即数组的起始地址。例如:

```
unsigned char a[]= {0,1,2,3};
unsigned char * p;
p= &a[0];    //将数组 a 的首地址存放在指针变量 p 中
```

经上述定义后,指针 p 就是数组 a 的指针。

C 语言规定,数组名代表数组的首地址,也就是第一个元素的地址。例如,下面两个语句等价:

```
p=&a[0];
p=a;
```

根据 C 语言的规定,指针 p 指向数组 a 的首地址后,指针 p+1 就指向数组的第二个元素 a[1],指针 p+2 指向 a[2]……指针 p+i 指向 a[i]。

引用数组元素可以用下表(如 a[2]):

a →	a[0] →	0	1	2
	a[1] →	3	4	5

但使用指针的速度更快且占用内存少。这正是使用指针的优点和 C 语言的精华所在。

对于形如:

```
int a[2][3]= {{0,1,2}, {3,4,5}};
```

这样的二维数组,C 语言规定:如果指针 p 指向该二维数组的首地址(可以用 a 表示,也可以用 &a[0][0] 表示),那么指针 p[i]+j 指向的元素就是 a[i][j],这里 i 和 j 分别表示二维数组的第 i 行和第 j 列。例如,p[1]+2 指向的元素就是 a[1][2],所以, *(p[1]+2)=5。

【实例 21】　用 P0 口显示指针运算结果。

本实例进行一个简单的指针运算: *p1+ *p2,并用 P0 口显示运算结果,采用的电路原理图和实例 19 的一样。

1. 实现方式

先对指针进行定义和初始化,使指针 p1 和 p2 都有特定的指向,再用指针运算符" * "取得两个指针所指向的变量的值,然后将两个值的和送至 P0 口即可。

2. 程序设计

先创建文件夹"e21",然后创建"e21"工程项目,最后创建源程序文件"e21.c",输入以下

源程序:

```
//实例:用 P0 口显示指针运算结果
# include< reg51.h>
void main(void)
{
    unsigned char *p1,*p2;        //定义无符号字符型指针变量 p1,p2
    unsigned char i,j;            //定义无符号字符型数据
    i=25;                         //给 i 赋初值 25
    j=15;
    p1=&i;                        //使指针变量指向 i,对指针初始化
    p2=&j;                        //使指针变量指向 j,对指针初始化
    P0= *p1+*p2;                  //*p1+ *p2 相当于 i+ j,所以 P0= 25+15= 40= 0x28
              //则 P0= 0010 1000B,结果 P0.3、P0.5 引脚的 LED 灯熄灭,其余 LED 灯点亮
    while(1)
      ;                          //无限循环,防止程序"跑飞"
}
```

3. 用 Proteus 软件仿真

以上程序代码经 Keil 编译器编译通过后,可利用 Proteus 软件进行仿真。在 Proteus ISIS工作环境中绘制好电路原理图,将编译好的"e21. hex"文件载入 AT89C51 芯片中,启动仿真,即可看到图 6-3 所示的仿真效果。此时 P0.3、P0.5 引脚的 LED 灯处于熄灭状态,其余 LED 灯均被点亮,表明 P0 = 00101000B = 0x28 = 2×16+8 =40,与预期的 25+15 = 40 计算结果相同。

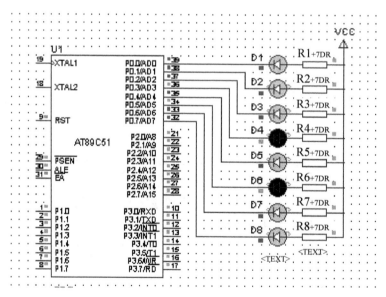

图 6-3　指针运算的仿真效果

4. 用实验板实验

程序仿真无误后,将"e21"文件夹中的"e21. hex"文件烧录到 AT89C51 芯片中,再将烧录好的单片机芯片插入实验板上,通电运行即可看到和仿真类似的实验结果。

【**实例 22**】　用指针数组控制 P0 口的 8 位 LED 灯流水点亮。

本实例使用指针数组控制 P0 口 8 位 LED 灯流水点亮,采用的电路原理图和实例 19 的一样。

1. 实现方法

显然,指针数组的元素必须为流水灯控制码的地址。可先定义如下控制码数组:

```
unsigned char code Tab[] = {oxfe, oxfd, 0xfb, 0xf7, 0xef, 0xdf, 0xbf, 0x7f};
```

再将其元素的地址依次存入如下指针数组:

```
unsigned char *p[]= {&Tab[0], &Tab[1], &Tab[2], &Tab[3], &Tab[4], &Tab[5], &Tab[6],&Tab[7]};
```

最后,利用指针运算符"＊"取得各指针元素的值并送至 P0 口即可。

2. 程序设计

先创建文件夹"e22",然后创建"e22"工程项目,最后创建源程序文件"e22. c",输入以下源程序:

```
//实例:用指针数组控制 P0 口的 8 位 LED 灯流水点亮
# include< reg51.h>
/***************************************************
函数功能:延时约 150ms(3*200*250=150000 μs=150 ms
***************************************************/
void delay150 ms(void)
{
    unsigned char m,n;
    for(m=0;m<200;m++)
        for(n=0;n<250;n++)
            ;
}
/****************************
函数功能:主函数
****************************/
void main(void)
{
    unsigned char code Tab[]= {0xfe,0xfd,0xfb,0xf7,0xef,0xdf,0xbf,0x7f};
    unsigned char * p[ ]= {&Tab[0],&Tab[1],&Tab[2],&Tab[3],&Tab[4],&Tab[5],
                    &Tab[6],&Tab[7]};

    unsigned char i;              //定义无符号字符型数据
    while(1)
    {
        for(i=0;i<8;i++)
        {
            P0=*p[i];
            delay150ms();
        }
    }
}
```

3. 用 Proteus 软件仿真

以上程序代码经 Keil 编译器编译通过后，可利用 Proteus 软件进行仿真。在 Proteus ISIS工作环境中绘制好电路原理图，将编译好的"e22. hex"文件载入 AT89C51 芯片中，启动仿真，即可看到 P0 口的 8 位 LED 灯被流水点亮，仿真效果图略。

4. 用实验板实验

程序仿真无误后，将"e22"文件夹中的"e22. hex"文件烧录到 AT89C51 芯片中，再将烧录好的单片机芯片插入实验板上，通电运行即可看到和仿真类似的实验结果。

【实例 23】 用数组的指针控制 P0 口的 8 位 LED 灯流水点亮。

本实例使用指向数组的指针控制 P0 口 8 位 LED 流水点亮，采用的电路原理图和实例 19 的一样。

1. 实现方法

先定义流水灯控制码数组，再将数组名（数组的首地址）赋给指针，然后通过指针引用数组的元素，从而控制 8 位 LED 灯流水点亮。

2. 程序设计

先创建文件夹"e23"，然后创建"e23"工程项目，最后创建源程序文件"e23. c"，输入以下源程序：

```c
//实例:用数组的指针控制 P0 口的 8 位 LED 灯流水点亮
# include<reg51.h>
/* * * * * * * * * * * * * * * * * * * * * * * * * * * * * * * * *
函数功能:延时约 150 ms(3* 200* 250=150000μs=150ms
* * * * * * * * * * * * * * * * * * * * * * * * * * * * * * * * * /
void delay150ms(void)
{
    unsigned char m,n;
    for(m=0;m<200;m++)
      for(n=0;n<250;n++)
          ;
}
/* * * * * * * * * * * * * * * * * * * * * * * * * * * * *
函数功能:主函数
* * * * * * * * * * * * * * * * * * * * * * * * * * * * * /
void main(void)
{
    unsigned char i;
    unsigned char Tab[ ]= {0xFF,0xFE,0xFD,0xFB,0xF7,0xEF,0xDF,0xBF,
                    0x7F,0xBF,0xDF,0xEF,0xF7,0xFB,0xFD,0xFE,
                    0xFE,0xFC,0xFB,0xF0,0xE0,0xC0,0x80,0x00,
                    0xE7,0xDB,0xBD,0x7E,0x3C,0x18,0x00,0x81,
                    0xC3,0xE7,0x7E,0xBD,0xDB,0xE7,0xBD,0xDB};
                            //流水灯控制码
    unsigned char *p;           //定义无符号字符型指针
    p= Tab;                 //将数组首地址存入指针 p
    while(1)
    {
```

```
        for(i=0;i<32;i++) //共 32 个流水灯控制码
        {
            P0=*(p+i);          //*(p+i)的值等于 a[i]
            delay150ms();       //调用 150 ms 延时函数
        }
    }
}
```

3. 用 Proteus 软件仿真

以上程序代码经 Keil 编译器编译通过后,可利用 Proteus 软件进行仿真。在 Proteus ISIS工作环境中绘制好电路原理图,将编译好的"e23. hex"文件载入 AT89C51 芯片中,启动仿真,即可看到 P0 口的 8 位 LED 灯显示出更为丰富的流水花样,仿真效果图略。

4. 用实验板实验

程序仿真无误后,将"e23"文件夹中的"e23. hex"文件烧录到 AT89C51 芯片中,再将烧录好的单片机芯片插入实验板上,通电运行即可看到和仿真类似的实验结果。

【实例 24】　用指针数组作为函数的参数来显示多个字符串。

本实例使用指针数组作为函数参数来显示多个字符串,要求用 P0 口的 8 位 LED 显示,采用的电路原理图与实例 11 的相同。

指针数组适合用来指向若干个字符串,尤其是各列字符串长度不一致的情形,这对于字符的液晶显示等应用很有意义。显示的字符越多,越能体现出指针数组的优越性。

1. 实现方法

字符串在 C 语言中是被当作字符数组处理的,所以每个字符串的名字就是其首地址。这样只要把各字符串的名字存入一个字符型指针数组,再把该指针数组的名字作为实参传递给处理函数,即可显示各个字符串。

2. 程序设计

先创建文件夹"e24",然后创建"e24"工程项目,最后创建源程序文件"e24. c",输入以下源程序:

```
//实例:用指针数组作为函数的参数来显示多个字符串
# include<reg51.h>     //包含单片机寄存器定义的头文件
unsigned char code str1[ ]="Temperature is tested by DS18B20";
unsigned char code str2[ ]="Now temperature is:";
unsigned char code str3[ ]="The Systerm is designed by Zhang San";
unsigned char code str4[ ]="The date is 2008-9-30";
unsigned char *p[ ]={str1,str2,str3,str4};
//定义 p[]为指向 4 个字符串的字符型指针数组
/*****************************
函数功能:延时约 150 ms
*****************************/
void delay(void)
{
    unsigned char m,n;
    for(m=0;m<200;m++)
        for(n=0;n<250;n++)
```

```
            ;
    }
/* * * * * * * * * * * * * * * * * * * * * * * * * *
函数功能:流水点亮 P0 口的 8 位 LED 灯
* * * * * * * * * * * * * * * * * * * * * * * * * */
void led_display(unsigned char *x[ ])      //形参必须为指针数组
{
    unsigned char i,j;
    for(i= 0;i<4;i++)             //有 4 个字符串要显示
    {
        j = 0;                       //指向待显示字符串的第 0 号元素
        while(*(x[i]+j)!='\0')  //只要第 i 个字符串的第 j 号元素不是结束标志
        {
            P0=*(x[i]+j); //取得该元素的值并送至 P0 口显示
            delay();                 //调用延时函数
            j++;                      //指向下一个元素
        }
    }
}
/* * * * * * * * * * * * * * * * * * * * * * * * * *
函数功能:主函数
* * * * * * * * * * * * * * * * * * * * * * * * * */
void main(void)
{
    unsigned char i;
    while(1)
    {
        for(i=0;i<4;i++)
        led_display(p); //将指针数组名作为实参传递
    }
}
```

3. 用 Proteus 软件仿真

以上程序代码经 Keil 编译器编译通过后,可利用 Proteus 软件进行仿真。在 Proteus ISIS工作环境中绘制好电路原理图,将编译好的"e24. hex"文件载入 AT89C51 芯片中,启动仿真,即可看到 P0 口的 8 位 LED 灯以各种花样闪烁,仿真效果图略。

4. 用实验板实验

程序仿真无误后,将"e24"文件夹中的"e24. hex"文件烧录到 AT89C51 芯片中,再将烧录好的单片机芯片插入实验板上,通电运行即可看到和仿真类似的实验结果。

单片机 C 语言程序设计中指针可以与函数相结合,前面有些实例已经引入了一点,下面介绍一个用指针作为函数的参数来控制 LED 灯的实例。

【实例 25】 用指针作为函数参数来控制 P0 口的 8 位 LED 灯流水点亮。

本实例使用指针作为函数的参数来控制 P0 口 8 位 LED 灯流水点亮,采用的电路原理图与实例 11 相同。

1. 实现方式

因为存储流水控制码的数组的名字即表示该数组的首地址,所以可以定义一个指针指向该首地址,然后用这个指针作为实参传递给被调用函数的形参。因为这个形参也是一个指针,该指针也指向流水控制码的数组,所以只要用指针引用数组元素就可以控制 P0 口的 8 位 LED 流水点亮。

2. 程序设计

先创建文件夹"e25",然后创建"e25"工程项目,最后创建源程序文件"e25.c",输入以下源程序:

```
//实例:用指针作为函数参数来控制 P0 口的 8 位 LED 灯流水点亮
# include<reg51.h>                       //包含单片机寄存器定义的头文件
unsigned char code Tab[]= {0xfe,0xfd,0xfb,0xf7,0xef,0xdf,0xbf,0x7f};
//流水灯控制码数组,该数组被定义为全局变量
/************************
函数功能:延时约 150 ms
************************/
void delay(void)
{
    unsigned char m,n;
    for(m=0;m<200;m++)
        for(n=0;n<250;n++)
            ;
}
/************************
函数功能:流水灯左移
************************/
void led_flow(void)
{
    unsigned char i;
    for(i=0;i<8;i++)   //8 位控制码
    {
        P0=Tab[i];
        delay();
    }

}
/************************
函数功能:主函数
************************/
void main(void)
{
    void (*p)(void); //定义函数型指针,所指函数无参数,无返回值
    p= led_flow;                   //将函数的入口地址赋给函数型指针 p
    while(1)
        (*p)();                    //通过函数型指针 p 调用函数 led_flow()
}
```

3. 用 Proteus 软件仿真

以上程序代码经 Keil 编译器编译通过后,可利用 Proteus 软件进行仿真。在 Proteus ISIS工作环境中绘制好电路原理图,将编译好的"e25.hex"文件载入 AT89C51 芯片中,启动

仿真,即可看到 P0 口的 8 位 LED 灯被流水点亮,仿真效果图略。

4. 用实验板实验

程序仿真无误后,将"e25"文件夹中的"e25. hex"文件烧录到 AT89C51 芯片中,再将烧录好的单片机芯片插入实验板上,通电运行即可看到和仿真类似的实验结果。

第7章 结构体与共用体

上一章介绍的数组所处理的数据必须是同一类型的,但有时需要把不同类型的数据一起进行考虑。C语言还提供了另外两种构造类型的数据来处理这类问题,那就是结构体与共用体,本章将详细介绍。

7.1 结构体

7.1.1 结构体的定义

结构体类似于数组,是由若干元素构成的,习惯上称这些元素为"成员",能够作为结构体成员的除了基本数据类型(如 int、float、char),还可以是数组、指针甚至另一个结构体。为了指定某个成员,可以使用成员运算符点号"."。

结构体定义的一般格式为:

```
struct 结构体名
{
    数据类型    成员名1;
    数据类型    成员名2;
    数据类型    成员名3;
    ……
    数据类型     成员名n;
};
```

其中,struct 是关键字,代表将要定义一个结构体类型;结构体名是结构体类型的标志,类似基本数据类型中的 char、int 等数据类型名称;花括号中的成员列表是该结构体中的各个成员,可以由各种不同类型的数据组成。要注意右花括号的后面需要加上一个分号";",用来结束该结构体的定义。

7.1.2 结构体变量的定义

定义好一个结构体类型之后,就可以用它来定义结构体变量,其一般格式如下:

```
struct 结构体名 结构体变量1,……,结构体变量n;
```

下面举例来说明定义结构体变量的三种方式。

1. 结构体类型和结构体变量同时定义

例如：

```
struct student
{
    int num ;
    char *name ;
    char sex ;
    int age ;
    char *address ;
}s ;
```

说明：

（1）struct 后面的 student 是结构体名（结构体类型标识符），有无皆可。若有，以后对同类型结构体进行说明时，可用此结构体名称代替结构体类型。

（2）花括号中是结构体的成员列表，其中 name 和 address 是字符型指针，num 是整型数，代表学号。

（3）右花括号之后的 s 是一个结构体变量。

2. 结构体类型和结构体变量分开定义

例如：

```
struct student
{
    int num ;
    char *name ;
    char sex ;
    int age ;
    char *address ;
};                                    /* 此处分号不能忘记*/
struct student s1,s2,s3 ;             /* 不可缺少 struct*/
```

说明：

（1）本例首先定义名为 student 的结构体，它包含 5 个成员。

（2）s1、s2 和 s3 为三个同类型（student）的结构体变量，用结构体名来说明。注意，结构体名之前的 struct 不可缺少。

（3）结构体变量 s1、s2 和 s3 的定义必须放在可执行语句之前。

（4）成员名可以与程序中的变量名相同，两者互不干扰，比如程序中也可以定义变量 num。

例如，定义一个结构体类型和三个结构体变量，用来保存居民的剩余电量和耗电总量，代码如下：

```
//定义结构体类型
struct usr_elec
{
    float elec_rest;
```

```
        float elec_used_total;
    };
    //定义结构体变量
    struct usr_elec user1, user2, user3;
```

解析：本例首先定义一个结构体类型 usr_elec，里面包含两个 float 类型的成员 elec_rest 和 elec_used_total；然后定义了三个结构体变量 user1、user2 和 user3，这三个结构体变量都是由前面两个 float 类型的成员组成的。

3. 直接定义结构体变量（不出现结构体名）

例如：

```
    struct
    {
        int  num ;
        char *name ;
        char sex ;
        int age ;
        char *address ;
    } s1,s2,s3 ;
```

请注意：类型与变量是不同的两个概念，只能对变量进行赋值、存取或运算，而不能对类型进行赋值、存取或运算；编译时不会为类型分配内存空间，只会为变量分配内存空间。

结构体中的成员也可以是另一个结构体变量。例如：

```
    struct data
    {
        int day;
        int month;
        int year;
    } ;
    struct student
    {
        int num ;
        char name[10] ;
        char sex ;
        struct data birthday ;              /* struct 不能丢* /
        float score[4] ;
        char *address ;
    } s1,s2,s3;
```

7.1.3　结构体变量的初始化

要对结构体变量进行初始化，只需把成员所对应的初始值按成员顺序依次给出即可，但需要注意类型的一致性。

1. 外部存储类型的结构体变量的初始化

当结构体变量为全局变量或静态变量时，可直接进行初始化。例如：

```
struct student
{
    int num;
    char *name;
    char sex;
    int age;
    char *address;
}s={0502,"li ming","M:,21,"bei jing"};
main ()
{
    ......
}
```

2. 自动存储类型的结构体变量的初始化

对自动存储类型的结构体变量不能在定义时初始化,因为它是局部变量,只有在函数被执行时才存在,所以只能在函数执行时对其各个成员赋值。例如:

```
main()
{
    struct student
    {
        int num;
        char *name ;
        char sex ;
        int age ;
        char *address ;
    }s;
    s.num =0502 ;
    s.name ="zhang san";
    s.sex ="M";
    s.age =11;
    s.address ="shang hai";
    ......
}
```

3. 静态存储类型的结构体变量的初始化

当结构体变量为静态存储类型时,可直接按成员顺序依次初始化。例如:

```
main ()
{
    struct student
    {
        int num;
        char *name ;
        char sex ;
        int age ;
        char *address ;
    }s={0502,"li ming","M",21,"bei jing"};
    ......
}
```

7.1.4 结构体变量的引用

定了一个结构体变量后,就可以对它进行引用了。在程序中引用结构变量时,往往都是通过访问结构体变量成员的方式来实现的。引用结构体变量中成员的格式如下:

结构体变量名. 成员名

其中,"."是访问结构体变量成员的运算符。

通过上面的方式,可以得到结构体变量中的某一个成员,可以像使用普通变量一样使用它,对它进行存取、赋值、运算等各种基本操作。

引用结构体变量时应遵循以下原则:

(1)不能将一个结构体变量作为一个整体加以引用,只能对结构体变量中的各个成员分别进行引用。

(2)如果成员本身又是一个结构体类型,则应该用若干个圆点一级一级地找到最低级成员。

(3)对成员变量可以像普通变量一样进行各种运算。

(4)可以引用成员的地址,也可以引用结构体变量的地址。

7.1.5 指向结构体类型数据的指针

当一个指针变量指向一个结构体变量时,这个指针被称为结构体指针变量。可以设置一个结构体指针变量,让它指向一个结构体变量,那么这个指针变量的值就是结构体的起始地址,可以通过该结构体指针变量访问整个结构体变量。定义结构体指针变量的格式如下:

struct 结构体名 * 结构体指针变量名;

或者

```
struct 结构体名
{
    成员列表;
} * 结构体指针变量名;
```

也可以是

```
struct
{
    成员列表;
} * 结构体指针变量名;
```

以上三种方法都可以定义结构体指针变量。和前面讲过的各种类型的指针变量相同,结构体指针变量也必须先赋值后使用。

结构体指针变量的赋值是把结构体变量的起始地址赋值给该指针变量,例如:

```
struct usr_elec user1;
struct usr_elec *p;
```

```
                    p = user1;
```

这样就把结构体变量 user1 的起始地址赋值给结构体指针变量 p 了。有了结构体指针变量,就可以访问结构体变量中的各个成员,访问方法有如下两种:

(* 结构体指针变量). 成员名

或

结构体指针变量→成员名

通常使用第二种方式,因为不太容易出错。

【例 7 - 1】 使用结构体指针变量操作结构体成员。

```c
//定义结构体类型
struct usr_elec
{
    float elec_rest;
    float elec_used_total;
};
//定义结构体变量
struct usr_elec user1;
//定义结构体指针变量
struct usr_elec *puser;
puser =&user1;                          //将指针指向结构体变量
/*********给成员赋值******** /
puser→elec_rest =52.6;
puser→elec_used_total =448;
```

解析:本例首先定义了一个结构体类型 usr_elec,然后定义了一个结构体变量 user1,接着又定义了一个结构体指针变量 puser,并将 puser 指向 user1 的起始地址,之后就可以通过该指针变量访问 user1 中的成员变量了。

7.1.6 将结构体指针变量作为函数的参数

前面学习函数时说过,可以将任意类型的变量作为函数的参数传递给函数使用,函数也可以返回任意类型的值。结构体变量也不例外,它也可以作为函数的参数,或者作为函数的返回值。

但是,当一个结构体比较大或者是结构体数组作为函数的参数时,这种传递方式需要将所有的成员进行堆栈操作。这样一来,对系统的时间和存储空间的消耗非常大,严重影响了程序运行的效率,造成了系统资源的浪费。

这时可以使用指向结构体的指针来作为函数的参数,参数传递的是一个地址值,从而减少了时间和空间的开销,加快了程序运行速度。

使用结构体指针变量作为函数的参数时,如果函数内对参数做了变动,会改变指针所指向的结构体变量的值。下面通过例 7 - 2 看看将结构体指针变量作为函数参数的应用。

【例 7 - 2】　求一组用户的平均耗电总量。

```
......
float ave (struct usr_elec *p) ;
//定义结构体类型
struct usr_elec
{
    float  elec_rest;
    float elec_used_total;
};

main ()
{
    float ave_user ;
    //定义结构体数组
    struct usr_elec user[3] ;
    //定义结构体指针变量
    struct usr_elec *puser;
    puser= user;                    //将指针指向结构体数组的起始地址
    ave_user= ave (puser) ;         //调用函数,使用指针作为参数
}

float ave ( struct usr_elec *p)
{
    float total avg;
    total= 0;
    for(int i =0; i< 3 ; i++)
    {
        total+= p→elec_used_total;
        p++;                        //指针地址加 1
    }
    avg =  total / 3 ;
    return avg ;
}
```

解析:本例首先定义了一个结构体类型 usr_elec,里面包含两个浮点型成员;然后在 main()函数中定义了一个结构体数组:

```
struct usr_elec user[3] ;
```

紧接着又定义一个结构体指针变量:

```
struct usr_elec *puser;
```

并将指针指向结构体数组的起始地址:

```
puser = user;
```

然后调用函数将指针作为函数的参数:

```
ave_user = ave(puser) ;
```

看一下函数 float ave (struct usr_elec *p)是怎么操作的：ave()函数会返回一个 float 类型的值，它有一个参数 struct usr_elec *p，这个参数是一个结构体类型，并且是一个指针类型的参数。当程序调用函数时就把指针 puser 传递给参数 p，由于 puser 指向结构体数组 user[3]的起始地址，因此参数 p 也得到了结构体数组的起始地址。函数的内部就通过参数 p 来访问结构体数组的元素，每次累加之后将指针 p 的值加 1，指向结构体数组的下一个元素。

7.2　共用体

前面介绍了结构体类型和结构体变量，结构体变量可以把一组有关联的数据存放到一个变量中，对这些成员进行有序的管理。本节介绍另外一种构造数据类型——共用体，它也是把一组有关联的数据集中在一个空间进行管理，但消耗更小的系统内存空间。

7.2.1　共用体的定义

结构体占用的内存空间大小是该结构体内各个成员变量所占用内存空间的总和，如果在某种情况下，在同一时刻只需要存放其中的某一个成员数据，这样就造成了内存空间的极大浪费。为了应对这种情况的发生，C 语言提供了另外一种构造类的数据类型——共用体。

共用体使用覆盖技术，使内部的成员变量从同一个地址开始存放，相互覆盖。这种技术使各个成员变量分时占用同一段内存空间，有效地提高了内存利用率。共用体与结构体的定义格式相同，只要把关键字 struct 改成 union。

7.2.2　共用体变量的定义

定义共用体变量的方法和定义结构体变量的方法几乎是相同的。定义共用体变量也有三种常用方式，分别是先定义共用体类型再定义共用体变量名、在定义共用体类型的同时定义共用体变量以及直接定义共用体变量。

1. 先定义共用体类型再定义共用体变量

这种定义方式的格式如下：

```
union 共用体名
{
    成员名 1；
    ……
    成员名 n；
};
```

其中，union 是关键字，代表将要定义的是一个共用体类型；共用体名是共用体类型的标志,类似于基本数据类型中的 int、char 等数据类型名称;花括号中的成员列表是该共用体中的各个成员;";"用来结束该共用体定义。

定义好一个共用体类型之后,就可以用它来定义共用体变量,其格式如下:

union 共用体名 共用体变量 1,……,共用体变量 n;

2. 在定义共用体类型的同时定义共用体变量

这种定义方式的格式如下:

```
union 共用体名
{
    成员名 1;
    ……
    成员名 n;
}共用体变量名 1,……,共用体变量名 n;
```

这种方法也是先用关键字 union 声明这是一个共用体类型,然后在花括号内定义成员列表,在花括号的后面直接写上要定义的共用体变量名,如果有多个变量则用逗号","隔开,最后以分号";"结尾。这种方法在定义共用体类型的同时定义了该共用体类型的变量。

3. 直接定义共用体变量

这种定义方式的格式如下:

```
union
{
    成员名 1;
    ……
    成员名 n;
}共用体变量名 1,……,共用体变量名 n;
```

以上三种定义共用体的方法和定义结构体的方法基本相同,唯一不同的是表示共用体的关键字是 union。

从内存分配角度来讲,结构体所占用内存空间是内部成员变量所占用空间的总和,而共用体所占用内存空间的大小是由共用体内占用内存空间最大的成员变量所决定的。

7.2.3　共用体变量的引用

一般来说,在多种类型的变量不会在同一时间被访问的情况下可以使用共用体,多种类型的变量在逻辑上只会取其中的一个时也可以使用共用体。

引用共用体变量的格式为:

共用体变量名. 成员名

下面举例说明共用体是如何分配内存空间的。

【例 7 - 3】 共用体的内存空间分配。

```
union u
{
    struct {int x; int y; int z;}s;
    int t;
}a;
main()
{
    a.s.x = 4;
    a.s.y = 5;
    a.s.z = 6;
    a.t = 0;
    ......
}
```

说明:本例定义了一个共用体 u 和一个共用体变量 a。共用体内有两个元素,第一个元素是一个结构体,它包含 3 个整型变量,分别是 x、y 和 z;第二个元素是一个整型变量 t。

main() 函数给 a. s. x、a. s. y、a. s. z 赋的值分别是 4、5、6,然后给 a. t 赋值 0。最后输出正确的结果是 a. s. x、a. s. y、a. s. z 的值分别为 0、5、6。我们用图 7 - 1 来说明为什么会得到这样的结果。

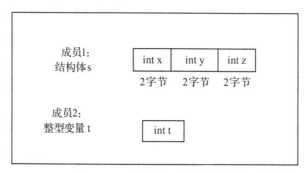

图 7 - 1　共用体结构存储方式

本例定义的共用体变量 a 的大小是由共用体里的最大元素即结构体 s 决定的,而结构体 s 由 3 个 int 类型的变量组成,因此共用体变量 a 在内存中占用 6 个字节用于存储。本例先将 x、y、z 赋值为 4、5、6,然后将变量 t 赋值为 0,而变量 t 在内存中和结构体 s 是共用空间的,整数类型刚好让它覆盖了 x 所占用的内存空间,所以给 t 赋值的同时就改写了 x 所在地址的值,这时 x 和 t 的值都变成了 0,因此程序输出 a. s. x、a. s. y、a. s. z 的值时,a. s. x 的值已经被改写成 0 了,而不再是之前的 4。

注意:先定义共用体变量后才可以引用它,不能引用共用体变量本身,而只能引用其中的成员。例如:

```
main()
{
    union tdata
    {
```

```
        int uint;
        long tlong;
        float tfloat;
        double tdouble;
        char *tstring:
    } t;
    t.uint= 3;
    t.tlong= 300;
    t.tdouble= 3.00;
    t.tfloat= 3.0;
    t.tstring= "stu";
}
```

7.2.4　共用体的特点

（1）同一内存段可放几种不同类型的成员，但每一瞬间只能存放一种。例如：

```
    a.i= 1;
    a.c= 'a';
    a.f= 2.1;
```

在完成三个运算后，只有 a.f 是有效的，a.i 及 a.c 均无效。

（2）共用体变量地址及其各成员地址都是同一地址，即 &a，&a.i，&a.c，&a.f 的值相同。

（3）不能对共用体变量赋值，也不能在定义时初始化。

（4）不能把共用体变量作为函数参数，也不能使函数返回共用体变量，但可以使用指向共用体的指针。

（5）允许定义共用体数组。

第 8 章　STM32 单片机简介及开发环境搭建

8.1　STM32 单片机简介

学习单片机最重要的是多加练习,因此选择一款合适的开发板就显得尤其重要,通过开发板学习单片机的使用可以节省学习时间,加速开发过程。

Nucleo-F103RB 是意法半导体(ST)官方推出的配套开发板,自带调试代码所必需的 ST-LINK/V2,I/O 引脚均通过排针引出,与 Arduino 完全兼容。

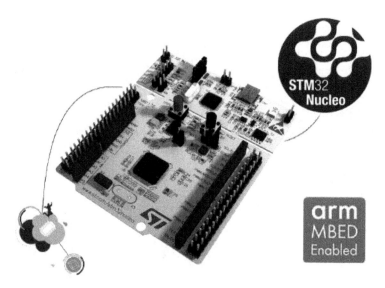

图 8-1　Nucleo-F103RB 开发板实物图

STM32 系列 32 位闪存微控制器基于 ARM® Cortex®-M 处理器,由意法半导体推出,为 MCU 用户提供了新的开发自由度。它包括一系列产品,集高性能、实时功能、数字信号处理、低功耗与低电压操作、连接性等特性于一身,同时还保持了集成度高和易于开发的特点。

8.2　基于 STM32CubeMX 的开发环境搭建

不同于传统的 80C51 系列单片机，STM32 可以使用库函数及图形界面编程，本书使用 STM32CubeMX 和 Keil MDK-ARM 来讲解单片机的开发。

STM32CubeMX 集成了一个全面的软件平台，支持 STM32 每一个系列的 MCU 开发。平台包括了 STM32Cube 硬件抽象层（一个 STM32 抽象层嵌入式软件，确保最大化 STM32 系列的可移植性）和一套配套的中间件组件（如 RTOS、USB、FatFs、TCP/IP、Graphics 等）。STM32CubeMX 具有以下特点：

（1）直观的 STM32 微控制器选择和时钟树配置。

（2）微控制器图形化配置外围设备以及中间件的功能模式和初始化参数。

（3）C 代码工程生成器覆盖 STM32 微控制器初始化编译器，如 IAR、Keil 和 GCC。

初学者可使用 STM32CubeMX 来加速开发过程，并为以后的产品平台移植打下良好的基础。

从 ST 官网找到 STM32CubeMX 的页面，在资源页面可以下载该软件的应用手册、用户手册等非常重要的学习资料，其中《UM1718:STM32CubeMX 用于 STM32 配置和初始化 C 代码生成》（后文简称《UM1718》）是 ST 官方编写的用户手册，如图 8-2 所示。

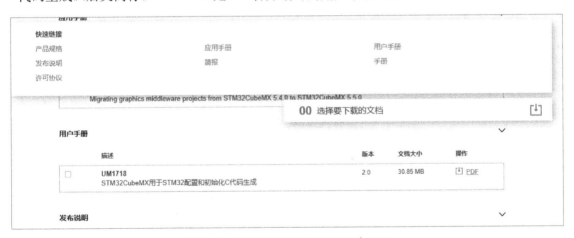

图 8-2　下载 STM32CubeMX 用户手册

《UM1718》的第 4 章介绍了如何安装和运行 STM32CubeMX，其中 4.1.3 节"软件要求"需要注意，如果用户使用的是 Windows 操作系统，需要自行下载并安装 JRE(Java 运行时环境)，这样才能继续安装 STM32CubeMX，如图 8-3 所示。

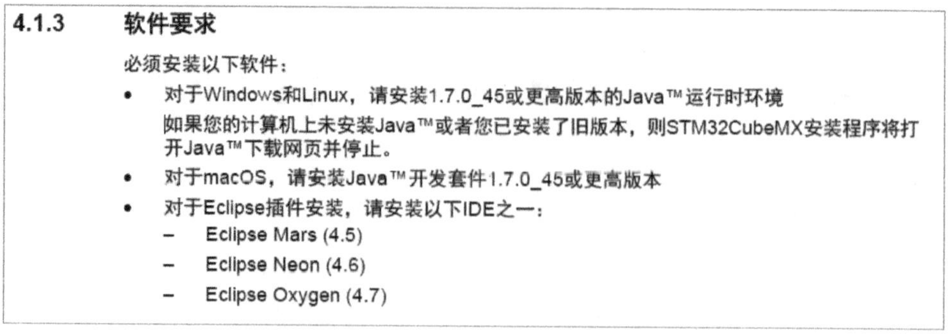

4.1.3 软件要求

必须安装以下软件：

- 对于Windows和Linux，请安装1.7.0_45或更高版本的Java™运行时环境
  如果您的计算机上未安装Java™或者您已安装了旧版本，则STM32CubeMX安装程序将打开Java™下载网页并停止。
- 对于macOS，请安装Java™开发套件1.7.0_45或更高版本
- 对于Eclipse插件安装，请安装以下IDE之一：
  - Eclipse Mars (4.5)
  - Eclipse Neon (4.6)
  - Eclipse Oxygen (4.7)

图 8-3 STM32CubeMX 的软件要求

回到 ST 官网的 STM32CubeMX 页面，找到"获取软件"界面，点击红色的"获取软件"按钮，即可下载 STM32CubeMX 软件，如图 8-4 所示，本书使用的软件版本是 5.6.1。

获取软件

产品型号	一般描述	Software Version	供应商	下载	以前版本
STM32CubeMX	A free-form description of a component.	5.6.1	ST	获取软件	选择版本

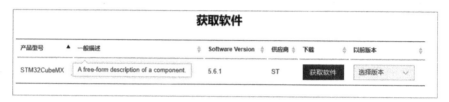

图 8-4 STM32CubeMX 软件下载界面

下载好软件后，根据提示一步一步安装即可，安装完成的软件界面如图 8-5 所示。

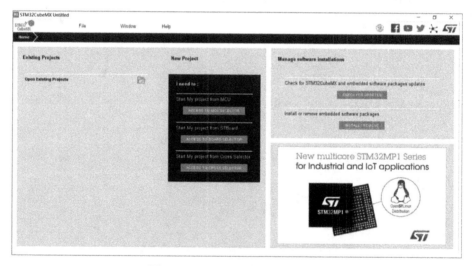

图 8-5 STM32CubeMX 软件界面

支持 STM32 的集成开发环境(IDE)有很多，本书使用的是 Keil MDK-ARM，可以从 Keil 官网下载免费评估版本。关于如何安装软件，网上已经有很多相关介绍，在此不再赘述，安装好的软件界面如图 8-6 所示。

图 8-6　Keil 评估版软件界面

　　需要注意的是,Keil-MDK 安装完成后,还需要安装 Pack,这样才能正常使用 Keil 编译 C 代码工程。

8.3　案例实践

　　本节先讲解 STM32CubeMX 的 STM32Cube_FW_F1_V1.8.0\Projects\文件夹中的例程,具体位于 STM32F103RB-Nucleo\Examples 子文件夹,对 ST 官方例程深入学习后,再使用 STM32CubeMX 工具新建工程,并编写自己的代码。

8.3.1　点亮 LED 灯

1. HAL 库例程详解

　　学习 C 语言时,在控制台打印出"Hello World!"是每个初学者入门的第一步。对于学习单片机来说,在开发板上点亮 LED 灯可以快速上手单片机,为后续学习打下坚实的基础。

　　打开 STM32Cube_FW_F1_V18.0\Projects\MXSTM32F103RB-Nucleo\Examples\GPIO\GPIO_IOToggle 文件夹。由于本书使用的编译环境是 Keil-MDK,因此需要打开"MDK-ARM"子文件夹中的工程文件,如图 8-7 所示。

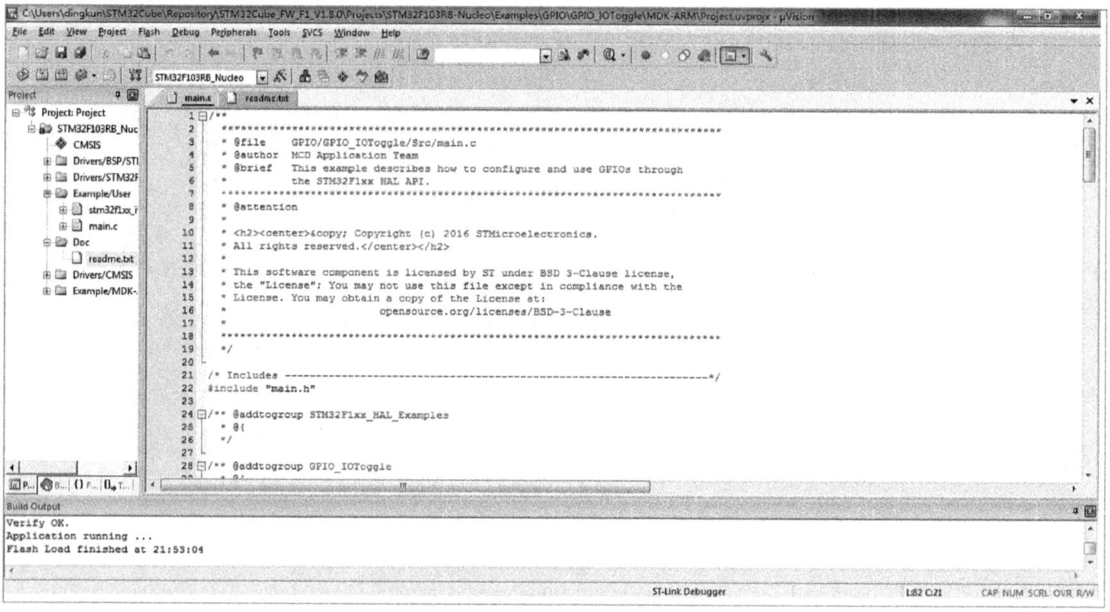

图8-7 打开工程文件

工程目录中的"Doc"文件夹下的"readme.txt"文件包含对该工程的案例、所需文件、硬件和软件环境以及如何使用该工程的描述。

按照"readme.txt"文件的描述去操作,可以实现本案例的应用,在此以@par Example Description 这段为例,讲解该文件。

```
@par Example Description

How to configure and use GPIOs through the HAL API.

PA.05 IO (configured in output pushpull mode) toggles in a forever loop.
On STM32F103RB-Nucleo board this IO is connected to LED2.

In this example, HCLK is configured at 64 MHz
```

这段描述的是如何通过 HAL API 配置和使用 STM32 单片机的 GPIO。在 NUCLEO-F103RB 开发板上,STM32 的 PA.05 引脚硬件连接到 LED2。因此将 PA.05 引脚配置为推挽输出模式,在 while()循环中调用 toogles 函数,同时将 HCLK 时钟设置为 64 MHz,即可实现 LED 灯定时亮灭功能。

任何 C 程序都是从 main()函数开始执行。借助于 ST 官方提供的如下几份文件,本节从 main()函数开始讲解例程。

① *STM32F103xB Datasheet*

② UM1850:*Description of STM32F1 HAL and low-layer drivers*

③ RM0008:*Reference manual STM32F101xx, STM32F102xx, STM32F103xx, STM32F105xx and STM32F107xx advanced Arm®-based 32-bit MCUs*

```
/**
  * @brief Main program
  * @param None
  * @retval None
*/
int main(void)
{
/* This sample code shows how to use GPIO HAL API to toggle LED2 IO
  in an infinite loop. */

/* STM32F103xB HAL library initialization:
  - Configure the Flash prefetch
  - Systick timer is configured by default as source of time base, but user can
    eventually implement his proper time base source (a general purpose timer
    for example or other time source), keeping in mind that Time base duration
    should be kept 1ms since PPP_TIMEOUT_VALUEs are defined and handled in
    milliseconds basis.
  - Set NVIC Group Priority to 4
  - Low Level Initialization
*/
HAL_Init();

/* Configure the system clock to 64 MHz */
SystemClock_Config();

/* -1- Enable GPIO Clock (to be able to program the configuration
registers) */
LED2_GPIO_CLK_ENABLE();

/* -2- Configure IO in output push-pull mode to drive external LEDs */
GPIO_InitStruct.Mode = GPIO_MODE_OUTPUT_PP;
GPIO_InitStruct.Pull = GPIO_PULLUP;
GPIO_InitStruct.Speed = GPIO_SPEED_FREQ_HIGH;

GPIO_InitStruct.Pin = LED2_PIN;
HAL_GPIO_Init(LED2_GPIO_PORT, &GPIO_InitStruct);

/* -3- Toggle IO in an infinite loop */
while (1)
{
HAL_GPIO_TogglePin(LED2_GPIO_PORT, LED2_PIN);

/* Insert delay 100 ms */

HAL_Delay(100);
}
}
```

main()函数的第一句是 HAL_Init(),在《UM1850》文档中查找该函数,可以看到该函数的描述,如图 8-8 所示。

- HAL_Init(): this function must be called at application startup to
  - initialize data/instruction cache and pre-fetch queue
  - set SysTick timer to generate an interrupt each 1ms (based on HSI clock) with the lowest priority
  - call HAL_MspInit() user callback function to perform system level initializations (Clock, GPIOs, DMA, interrupts). HAL_MspInit() is defined as "weak" empty function in the HAL drivers.

图 8-8 《UM1850》文档中关于 HAL_Init( )的描述

在"main. c"文件中找到"HAL_Init()"并选中,右键单击,然后在弹出的快捷菜单中选择"Go To Defination of'Hal_Init'",如图 8-9 所示。

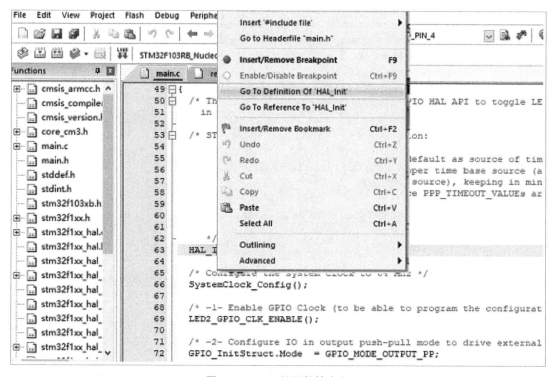

图 8-9 main( )函数的定义

软件界面会显示 HAL_Init()函数的定义,如图 8-10 所示,说明该函数用来初始化 HAL 库,必须在 main()函数的最前面被执行,在执行过程中依次进行了下述操作:

① 配置 Flash 预取。

② 将 SysTick 配置为每 1 ms 生成一个中断,该中断由 HSI 计时(在此阶段,时钟尚未配置,因此系统以 16 MHz 的频率从内部 HSI 运行)。

③ 将 NVIC 组优先级设置为 4。

④ 调用用户文件"stm32f1xxHAL_msp. c"中定义的 HAL_MspInit()回调函数来执行全局低级别硬件初始化。

```
/**
  * @brief  This function is used to initialize the HAL Library; it must be the first
  *         instruction to be executed in the main program (before to call any other
  *         HAL function), it performs the following:
  *           Configure the Flash prefetch.
  *           Configures the SysTick to generate an interrupt each 1 millisecond,
  *           which is clocked by the HSI (at this stage, the clock is not yet
  *           configured and thus the system is running from the internal HSI at 16 MHz).
  *           Set NVIC Group Priority to 4.
  *           Calls the HAL_MspInit() callback function defined in user file
  *           "stm32f1xx_hal_msp.c" to do the global low level hardware initialization
  *
  * @note   SysTick is used as time base for the HAL_Delay() function, the application
  *         need to ensure that the SysTick time base is always set to 1 millisecond
  *         to have correct HAL operation.
  * @retval HAL status
  */
```

图 8 - 10　HAL_Init 函数的定义

使用 HAL_Init 函数将 HAL 库初始化之后,需要调用 SystemClock_Config()函数初始化系统时钟。

对于单片机的初学者而言,需要理解时钟的概念。简单来说,时钟是单片机的脉搏,是单片机的驱动源,使用任何一个外设都必须打开相应的时钟。这样做的好处是,如果不使用外设的时候,就把它的时钟关掉,从而可以降低系统的功耗,达到节能、低功耗的效果。每个时钟 tick,系统都会处理一步数据,这样才能让工作不出现紊乱。

在 STM32 中有 5 个时钟源,分别为 HSI、HSE、LSI、LSE、PLL。

① HSI 是高速内部时钟,RC 振荡器,频率为 8 MHz。

② HSE 是高速外部时钟,可接石英/陶瓷谐振器,或者接外部时钟源,频率范围为 4～16 MHz。

③ LSI 是低速内部时钟,RC 振荡器,频率为 40 kHz。

④ LSE 是低速外部时钟,接频率为 32.768 kHz 的石英晶体。

⑤ PLL 为锁相环倍频输出,其时钟输入源可选择为 HSI/2、HSE 或者 HSE/2,倍频可选择为 2～16 倍,但是其输出频率最大不得超过 72 MHz。

STM32 如果使用内部 RC 振荡器而不使用外部晶振,OSC_IN 和 OSC_OUT 的接法如下:

① 对于 100 脚或 144 脚的产品,OSC_IN 应接地,OSC_OUT 应悬空。

② 对于少于 100 脚的产品,有两种接法,第一种是 OSC_IN 和 OSC_OUT 分别通过 10 kΩ 电阻接地,此方法可提高 EMC 性能;第二种是分别重映射 OSC_IN 和 OSC_OUT 至 PD0 和 PD1,再配置 PD0 和 PD1 为推挽输出并输出 0,此方法可以减小功耗并(相对第一种)节省两个外部电阻。

通过 Keil-MDK 的右键菜单,可以查看 SystemClock_Config()函数的注释和定义,可以看到该函数就在 main()函数下面被定义,如下所示:

```
/**
  * @brief System Clock Configuration
  *        The system Clock is configured as follow :
```

```
*          System Clock source         = PLL (HSI)
*          SYSCLK(Hz)                   = 64000000
*          HCLK(Hz)                     = 64000000
*          AHB Prescaler                = 1
*          APB1 Prescaler               = 2
*          APB2 Prescaler               = 1
*          PLLMUL                       = 16
*          Flash Latency(WS)            = 2
* @param None
* @retval None
*/
```

从该段注释可以看出,系统时钟源是 PLL(HSI),SYSCLK 时钟配置为 64 MHz,HCLK 配置为 64 MHz,AHB 预分频器的值设置为 1,APB1 预分频器的值设置为 2,APB2 预分频器的值设置为 1。关于 HCLK、AHB、APB1、APB2 的介绍,可以在 RM0008 文档中找到,如图 8-11 所示即 RM0008 文档中的时钟树。

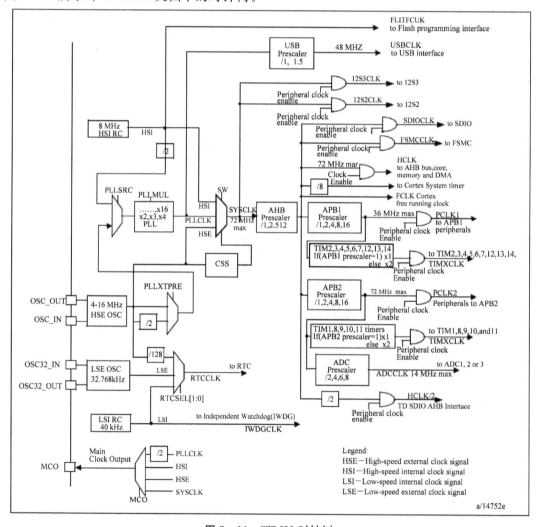

图 8-11 STM32 时钟树

在图 8 - 11 中,从左往右看,依次是 STM32 的 5 个时钟源。选定时钟源后,经过配置得到 SYSCLK,SYSCLK 经过 AHB 预分频,再经过总线 APB1 预分频器得到 PCLK1,或经过总线 APB2 预分频器得到 PCLK2。

SMT32 使用的是 ARM Gortex-M3 内核,在 STM32F103RCT6 的数据手册中给出了详细的 ARM Cortex-M3 内核架构图,如图 8 - 12 所示,从中可以看到挂载在 APB1 和 APB2 总线上的各个设备,如 GPIOA~GPIOE、TIM1、SPI1、USART1 以及 ADC1 和 ADC2 等设备都挂载在 APB2 总线上。

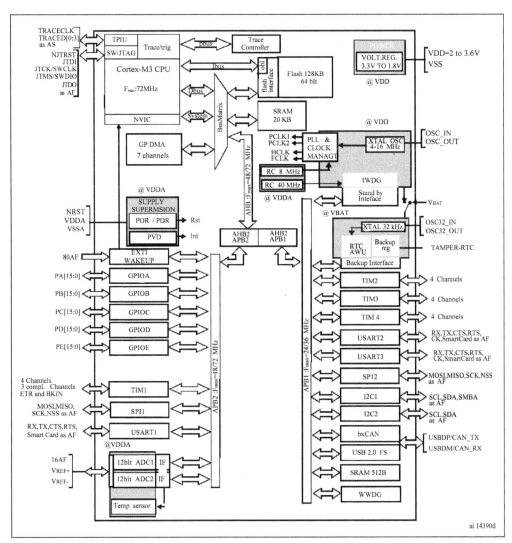

图 8 - 12　ARM Cortex-M3 内核架构图

在 ARM Cortex-M3 内核中,每个外设都有对应的时钟。为了减小单片机的功耗,每个外设都可以使能,并可以调整外设时钟频率,因此在使用时需要配置每个外设的时钟。对于 ARM Cortex-M3 内核有兴趣的读者,可以参阅《ARM Cortex-M3 与 Cortex-M4 权威指南》一书。

时钟配置完成后,需要使用 LED2_GPIO_CLK_ENABLE()函数使能 LED2 的时钟,点击右键可以看到该函数是一个宏定义,由"stm32f1xx_nucleo. c"文件定义,控制 LED2 的是引脚 GPIOA_5,因此使用__HAL_RCC_GPIOA_CLK_ENABLE()函数,如下所示:

```
/** @dcfgroup STM32F1XX_NUCLEO_LED STM32F1XX NUCLEO LED
  * @ {
  * /
# define LEDn                        1

# define LED2_PIN                    GPIO_PIN_5
# define LED2_GPIO_PORT              GPIOA
# define LED2_GPIO_CLK_ENABLE()     __HAL_RCC_GPIOA_CLK_ENABLE()
# define LED2_GPIO_CLK_DISABLE()    __HAL_RCC_GPIOA_CLK_DISABLE()
```

"stm32f1xx_nucleo. c"文件是 ST 官方针对 Nucleo 开发板编写的,便于用户操纵 LED、按键、SD 卡和 1.8 寸 LCD 等。

接下来是下面几条语句,主要用来配置 GPIO 端口的模式、上下拉电阻、速率和引脚:

```
/* -2- Configure IO in output push-pull mode to drive external LEDs */
GPIO_InitStruct.Mode = GPIO_MODE_OUTPUT_PP;
GPIO_InitStruct.Pull = GPIO_PULLUP;
GPIO_InitStruct.Speed = GPIO_SPEED_FREQ_HIGH;

GPIO_InitStruct.Pin = LED2_PIN;
HAL_GPIO_Init(LED2_GPIO_PORT, &GPIO_InitStruct);
```

右键单击 GPIO_InitStruct,可弹出如图 8 - 13 所示的快捷菜单,再按 F12 键,可以找到该函数的定义:

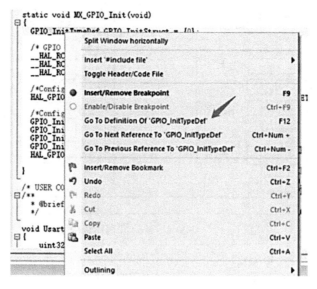

图 8 - 13 GPIO_InitStruct 快捷菜单

```
static GPIO_InitTypeDef GPIO_InitStruct;
```

GPIO_InitTypeDef 是一个结构体,具体定义在"stm32f1xx_hal_gpio. h"文件中,该结构体定义了 GPIO 的 4 个成员变量,如下所示:

① Pin,设置要配置的 GPIO 引脚;

② Mode,设置所选引脚的工作模式;

③ Pull,设置所选引脚的上拉电阻或下拉电阻;

④ Speed,设置选定引脚的速率。

GPIO_InitTypeDef 结构体的定义如下所示:

```
/**
  * @brief GPIO Init structure definition
  */
typedef struct
{
  uint32_t Pin; /* !<Specifies the GPIO pins to be configured.
                   This parameter can be any value of @ ref GPIO_pins_define */
  uint32_t Mode;/* !< Specifies the operating mode for the selected pins.
                   This parameter can be a value of @ ref GPIO_mode_define */

  uint32_t Pull;/* !< Specifies the Pull- up or Pull- Down activation for the
selected pins.
                   This parameter can be a value of @ ref GPIO_pull_define */

  uint32_t Speed;/* !< Specifies the speed for the selected pins.
                   This parameter can be a value of @ ref GPIO_speed_define */
} GPIO_InitTypeDef;
```

通过右键单击 GPIO_PIN_5,再按 F12 键,找到 GPIO_pins_define 的定义,在"stm32f1xx_gal_gpio. h"文件中,如下所示:

```
/**@ defgroup GPIO_pins_define GPIO pins define
  *@ {
  */
# define GPIO_PIN_0         ((uint16_t)0x0001) /* Pin 0 selected */
# define GPIO_PIN_1         ((uint16_t)0x0002) /* Pin 1 selected */
# define GPIO_PIN_2         ((uint16_t)0x0004) /* Pin 2 selected */
# define GPIO_PIN_3         ((uint16_t)0x0008) /* Pin 3 selected */
# define GPIO_PIN_4         ((uint16_t)0x0010) /* Pin 4 selected */
# define GPIO_PIN_5         ((uint16_t)0x0020) /* Pin 5 selected */
# define GPIO_PIN_6         ((uint16_t)0x0040) /* Pin 6 selected */
# define GPIO_PIN_7         ((uint16_t)0x0080) /* Pin 7 selected */
# define GPIO_PIN_8         ((uint16_t)0x0100) /* Pin 8 selected */
# define GPIO_PIN_9         ((uint16_t)0x0200) /* Pin 9 selected */
# define GPIO_PIN_10        ((uint16_t)0x0400) /* Pin 10 selected */
# define GPIO_PIN_11        ((uint16_t)0x0800) /* Pin 11 selected */
# define GPIO_PIN_12        ((uint16_t)0x1000) /* Pin 12 selected */
# define GPIO_PIN_13        ((uint16_t)0x2000) /* Pin 13 selected */
```

```
# define GPIO_PIN_14        ((uint16_t)0x4000) /* Pin 14 selected */
# define GPIO_PIN_15        ((uint16_t)0x8000) /* Pin 15 selected */
# define GPIO_PIN_All        ((uint16_t)0xFFFF) /* All pins selected */

# define GPIO_PIN_MASK        0x0000FFFFu /* PIN mask for assert test */
```

本书使用的 STM32F103RBT6 是 F1 系列增强型单片机,采用 LQFP64 封装。查阅芯片的数据手册可知,64 个引脚中有 51 个是 GPIO。这 51 个 GPIO 可以分为 4 组:GPIOA、GPIOB、GPIOC、GPIOD,其中前三组是每组 16 个引脚,刚好用一个半字(16 位)的每个位表示每个引脚的定义。

GPIO_InitTypeDef 结构体中还有 Mode 和 Pull 两个成员变量,需要查看 RM0008 文档中的 GPIO 功能描述(GPIO functional description),其中"端口位配置表"对寄存器配置模式给出了详细定义。STM32 单片机的 GPIO 有以下几种配置模式:输入浮空、输入上拉、输入下拉、模拟、输出开漏、输出推挽、复用功能输出推挽、复用功能输出开漏。

在 main()函数中完成 GPIO_InitTypeDef 结构体各成员变量的赋值后,调用 HAL_GPIO_Init()函数对 GPIO 进行配置,如下所示:

```
HAL_GPIO_Init(LED2_GPIO_PORT, &GPIO_InitStruct);
```

再从头回顾一下点亮 LED 灯这个例程的程序流程:首先在 main()函数中通过调用 HAL_Init()函数完成系统的初始化,接下来调用 SystemClock_Config()对系统时钟进行配置,紧接着调用 LED2_GPIO_CLK_ENABLE()函数实现 GPIO 时钟使能,然后完成 GPIO 输出模式、速率和引脚的配置以及初始化。

所有配置工作完成之后,接下来要实现工程的主要功能,即控制 LED 灯闪烁,该部分代码如下:

```
/* -3- Toggle IO in an infinite loop */
while (1)
{
  HAL_GPIO_TogglePin(LED2_GPIO_PORT, LED2_PIN);
  /* Insert delay 100 ms */
  HAL_Delay(100);
}
```

一般来说,在单片机开发中,while(1)有两种用法。第一种用法如下所示:

while(1)

这是一个死循环,代码不再向下执行。这种用法一般用在以下几种情况:

① 一般在调试代码时,为了检测一部分代码是否正确,防止后面的代码干扰执行结果,会在观测点加上 while(1);

② 有些代码检测到运行错误时,会抛出错误(打印、设置错误码),然后进入 while(1);

③ 机器需要复位时,停止喂看门狗,进入 while(1);迫使看门狗超时,产生硬件复位。

第二种用法如下所示:

while(1) { 代码 }

这时将会重复执行花括号中的代码。这种用法一般用在以下几种情况：

① 单片机在不使用操作系统时,主程序一般都采用这种用法；

② 操作系统中的进程在执行任务时,有些也会采用这种用法；

③ 花括号中的代码不停地检测某个条件,当条件符合时,跳出该循环,继续向下执行。

本例程使用的是第二种用法,在 while(1) 函数中主要调用了两个 HAL 库函数:HAL_GPIO_TogglePin() 和 HAL_Delay()。HAL_GPIO_TogglePin() 的定义如下:

```
/**
  * @brief Toggles the specified GPIO pin
  * @param GPIOx: where x can be (A..G depending on device used) to select the
    GPIO peripheral
  * @param GPIO_Pin: Specifies the pins to be toggled.
  * @retval None
*/
void HAL_GPIO_TogglePin(GPIO_TypeDef * GPIOx, uint16_t GPIO_Pin)
{
  /* Check the parameters */
  assert_param(IS_GPIO_PIN(GPIO_Pin));

  if ((GPIOx->ODR & GPIO_Pin)!= 0x00u)
  {
    GPIOx->BRR = (uint32_t)GPIO_Pin;
  }
  else
  {
    GPIOx->BSRR = (uint32_t)GPIO_Pin;
  }
}
```

HAL_GPIO_TogglePin() 函数的功能是翻转指定的 GPIO 引脚,GPIOx 可以定义为 GPIOA、GPIOB 等,GPIO_Pin 可以定义为指定要翻转的引脚。

HAL_Delay() 是 HAL 库中提供毫秒级(ms)延时的函数,通过 while() 函数循环来实现延时。HAL_Delay() 函数的定义如下:

```
/**
  * @brief This function provides minimum delay (in milliseconds) based
          on variable incremented.
  *@ note In the default implementation, SysTick timer is the source of time
          base.
  *       It is used to generate interrupts at regular time intervals where
          uwTick is incremented.
  * @note This function is declared as __weak to be overwritten in case of
          other implementations in user file.
  * @param Delay specifies the delay time length, in milliseconds.
  * @retval None
  */
```

```
__weak void HAL_Delay(uint32_t Delay)
{
  uint32_t tickstart = HAL_GetTick();
  uint32_t wait = Delay;

  /*  Add a freq to guarantee minimum wait */
  if (wait < HAL_MAX_DELAY)
  {
    wait += (uint32_t)(uwTickFreq);
  }

  while ((HAL_GetTick()- tickstart) < wait)
  {
  }
}
```

2. 使用 STM32CubeMX 新建项目

上一节分析了 Nucleo-F103RB 开发板的例程 GPIO_IOToggle 的源代码,读者真正使用时,需要借助 STM32CubeMX 生成项目工程的主要代码。

UM1718 手册中有一个完整教程,讲述了如何使用 STM32F4 完成从引脚布局到生成项目 C 代码,包括以下步骤:

① 创建一个新 STM32CubeMX 项目;

② 配置 MCU 引脚布局;

③ 保存项目;

④ 生成报告;

⑤ 配置 MCU 时钟树;

⑥ 配置 MCU 初始化参数;

⑦ 生成完整的 C 项目;

⑧ 构建和更新 C 代码项目;

⑨ 切换到另一 MCU。

下面我们参照上述步骤,新建自己的工程项目。

1) 创建一个新 STM32CubeMX 项目

在 STM32CubeMX 主界面,如图 8-14 所示,在菜单栏中依次点击"File"→"New Project",或直接使用快捷键"Ctrl+N",打开"New Project"窗口,如图 8-15 所示。由于我们使用的是 Necleo-F103RB 开发板,因此在"Board Selector"选项卡中直接选择该开发板,点击"Start Project"按钮后,出现提示信息:initialize all peripherals with their default mode(使用其默认模式初始化所有外围设备),选择"Yes"即可将微控制器 STM32F103RBT6 的引脚按照默认值配置好。

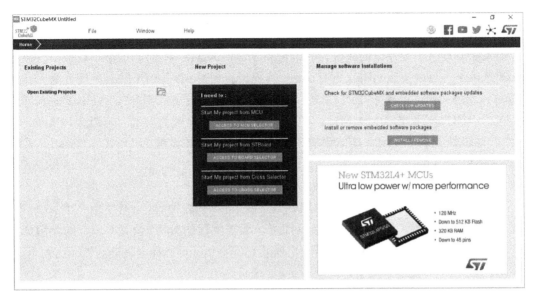

图 8 - 14　STM32CubeMX 主界面

图 8 - 15　"New Project"窗口

2）保存项目

保存该工程项目,可在计算机桌面上新建"book"文件夹,将该工程项目保存到"LED_Toggle 目录"下。

3）生成报告

接下来生成项目报告,单击"Project-Generate Report"按钮即可生成当前项目的报告文件，可以是 PDF 或者 TXT 格式的。

4）配置 MCU 时钟树

如果需要自己配置外设的时钟，可以在 STM32CubeMX 主界面切换到"Clock Configuration"选项卡。可以按照 GPIO_IOToggle 例程设置时钟树，将"PLLMul"设置为"×16"，"System Clock Mux"设置为"PLLCLK"，"SYSCLK"设置为"64 MHz"，"AHB Prescaler"设置为"/1"，"HCLK"设置为"64 MHz"，"APB1 Prescaler"设置为"/2"，"APB2 Prescaler"设置为"/1"，如图 8 - 16 所示。具体设置时，只需将 PLLMul 设置为"×16"，"System Clock Mux"设置为"PLLCLK"即可。

5）配置 MCU 初始化参数

下面需要配置 STM32 的外设。GPIO_IOToggle 例程较简单，只需使用一个 LED 即可实现，因此只需要配置 GPIO 的一个端口即可。根据例程的分析，设置 GPIO 的参数如下："GPIO mode"设置为"Output Push Pull"模式，"Maximum output speed"设置为"High"模式。

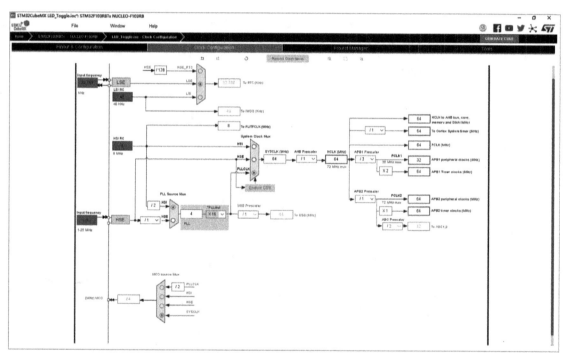

图 8 - 16　"Clock Configuration"选项卡

6）生成完整的 C 项目

完成上述参数配置后，保存项目配置，打开"Project Manager"选项卡，将"Toolchain/IDE"选项设置为"MDK-ARM"，然后点击 STM32CubeMX 主界面右上角的"GENERATE CODE"按钮生成 C 工程项目代码，如图 8 - 17 所示。

图 8 - 17　"Project Manager"选项卡

7) 构建和更新 C 代码项目

生成代码后，出现如图 8 - 18 所示的提示框，单击"Open Project"可以打开 Keil MDK-ARM 开发环境，并且打开生成的 C 代码。双击"Example/User"文件夹中的"main. c"文件即可添加自己想添加的主要代码，如图 8 - 19 所示。

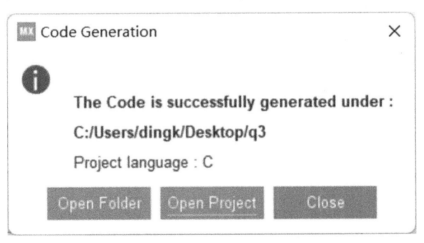

图 8 - 18　代码生成提示框

图 8 - 19 展示了官方软件包中的例程和新建工程项目所生成代码的对比，两个工程的初始化过程一致，都是先调用 HAL_Init()函数配置 Flash 预取、时基(time base source)、NVIC 和底层硬件，再调用 SystemClock_Config()函数配置系统时钟。后面的代码虽有不同，但实质功能都是配置 GPIO 端口的时钟、功能、上下拉和速率。

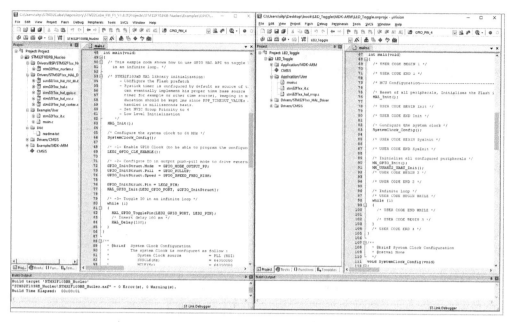

图 8-19 "main. c"文件

新建的项目工程还配置了串口、按键、外部中断等,这些都是 Nucleo-F103RB 开发板的板载资源。

最后,只需在新建工程项目的 main( )函数中修改 wihle 循环即可。GPIO_IOToggle 官方例程在 while( )函数中完成了 LED 灯循环亮灭,在新建工程项目中只需要添加两条语句到/* USER CODE BEGIN 3 */之后(注意,引脚的参数名称不同),如下所示:

```
/*  USER CODE BEGIN WHILE */
while (1)
{
  /*  USER CODE END WHILE */

  /*  USER CODE BEGIN 3 */
    HAL_GPIO_TogglePin(LD2_GPIO_Port, LD2_Pin);

    HAL_Delay(100);
}
/*  USER CODE END 3 */
```

还需要注意,STM32CubeMX 对代码的规范性有要求,用户在编写自己的代码时,需要将代码写在/* USER CODE BEGIN x */和/* USER CODE END x */之间,这样编写的代码才能在 STM32CubeMX 重新配置和生成项目工程后被保留;否则,用户代码会被注释掉。

代码编写完成后,还需要配置生成的 MDK 工程。在 Keil MDK - ARM 开发环境,在菜单栏上依次点击"Project"→"Options for Target 'LED_Toggle'",在打开的"Options for Target'LED_Toggle'"对话框中选择"Utilities"选项卡,点击"Settings"按钮,如图 8 - 20

所示。

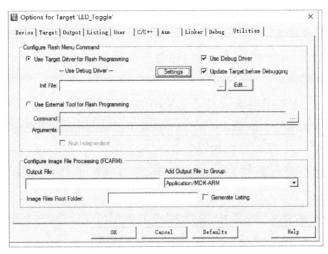

图 8 - 20　"Options for Target 'LED_Toggle'"对话框

打开"Cortex-M Target Driver Setup"对话框，在"Flash Download"选项卡中选中"Reset and Run"复选框，然后点击"确定"按钮，如图 8 - 21 所示。

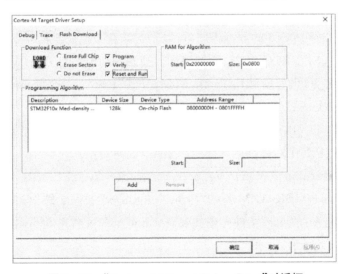

图 8 - 21　"Cortex - M Target Driver Setup"对话框

在 Keil MDK-ARM 开发环境中，单击▦或按 F7 键就可以编译工程文件，将 Nucleo-F103RB 开发板通过 USB 接口连接到 PC 上，单击▦按钮或按 F8 键，或在菜单栏依次点击"Flash"→"Download"，即可将代码烧写到开发板中。烧写完成后，可以观察开发板上LED2 的亮灭情况。

8.3.2 串口通信

1. HAL 库例程详解

串行接口（Serial Interface）简称串口，也称串行通信接口（通常指 COM 接口），是采用串行通信方式的扩展接口。

嵌入式开发中，UART 串口通信协议是常用的通信协议（UART、I2C、SPI 等）之一，其全称是 Universal Asynchronous Receiver/Transmitter（通用异步收发传输器）。它是异步串口通信协议的一种，工作原理是将传输数据的每个字符一位接一位地传输。它能将要传输的数据在串行通信与并行通信之间加以转换，能够灵活地与外部设备进行全双工数据交换。

在 STM32F1 系列微控制器中采用的是 USART（Universal Synchronous Asynchronous Receiver and Transmitter，通用同步异步收发器）串口。USART 相当于 UART 的升级版，支持同步模式，因此它需要同步时钟信号 USART_CK（如 STM32 单片机），通常情况下同步信号很少使用，因此在一般的单片机上，UART 和 USART 的使用方式是一样的，都使用异步模式。由于 USART 的使用方式跟 UART 的基本相同，所以这里就以 UART 来介绍该通信协议了。

通过查阅 STM32F103RB 的数据手册，可以知道该款微控制器提供 3 个 USART 串口，支持 ISO 7816 接口、LIN、IrDA 功能、调制解调器控制等功能。打开 STM32F1 的例程文件夹 STM32Cube_FW_F1_V1.8.0\Projects\STM32F103RB-Nucleo\Examples\UART，可以看到有 5 个例程，依次是 UART_Printf、UART_HyperTerminal_DMA、UART_TwoBoards_ComDMA、UART_TwoBoards_ComIT、UART_TwoBoards_ComPolling。下面以最简单且很实用的 UART_Printf 例程讲述 STM32 的串口如何使用。

打开位于 STM32Cube_FW_F1_V1.8.0\Projects\STM32F103RB-Nucleo\Examples\UART\UART_Printf\MDK-ARM 下的"Project.uvprojx"工程文件，与上一节学习 GPIO_IOToggle 例程一样，先在"Doc"文件夹中找到"readme.txt"文件并打开，该文件对例程的详细用法做了描述，如下所示：

```
@par Example Description

Re-routing of the C library printf function to the UART.
The UART outputs a message on the HyperTerminal.
Board: STM32F103RB-Nucleo
Tx Pin: PA.09 (Pin 21 in CN10)
Rx Pin: PA.10 (Pin 33 in CN10)
```

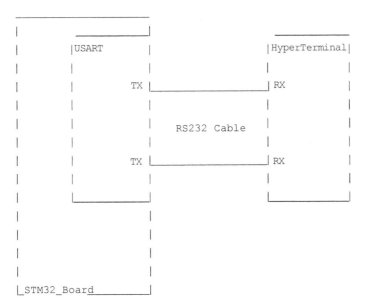

LED2 is ON when there is an error occurrence.

The USART is configured as follows:
- BaudRate = 9600 baud
- Word Length = 8 Bits (7 data bit + 1 parity bit)
- One Stop Bit
- Odd parity
- Hardware flow control disabled (RTS and CTS signals)
- Reception and transmission are enabled in the time

@note USARTx/UARTx instance used and associated resources can be updated in
    "main.h"file depending hardware configuration used.

@note When the parity is enabled, the computed parity is inserted at the MSB
    position of the transmitted data.

@par Directory contents

- UART/UART_Printf/Inc/stm32f1xx_hal_conf.h HAL configuration file
- UART/UART_Printf/Inc/stm32f1xx_it.h   IT interrupt handlers header file
- UART/UART_Printf/Inc/main.h   Header for main.c module
- UART/UART_Printf/Src/stm32f1xx_it.c   Interrupt handlers
- UART/UART_Printf/Src/main.c   Main program
- UART/UART_Printf/Src/stm32f1xx_hal_msp.c HAL MSP module
- UART/UART_Printf/Src/system_stm32f1xx.c   STM32F1xx system source file

@par Hardware and Software environment

- This example runs on STM32F103xB devices.

- This example has been tested with STM32F103RB-Nucleo board and can be
  easily tailored to any other supported device and development board.

```
- STM32F103RB_Nucleo Set-up
  - If you want to display data on the HyperTerminal, please connect USART1
    TX (PA9) to RX pin of PC serial port (or USB to UART adapter).
    USART1 RX (PA10) could be connected similarly to TX pin of PC serial port.

- Hyperterminal configuration:
  - Data Length = 7 Bits
  - One Stop Bit
  - Odd parity
  - BaudRate = 9600 baud
  - Flow control: None

@ par How to use it ?

In order to make the program work, you must do the following :
  - Open your preferred toolchain
  - Rebuild all files and load your image into target memory
  - Run the example
```

从 @par Example Description 这段可以知道,该例程主要实现了将 C 标准库的 printf()
函数重定向,通过 UART 向 PC 上的超级终端输出一条消息。Nucleo-F103RB 使用的是
USART1,与 PC 通过 USB 转串口线连接。

可以看到,该文件对例程的硬件配置也作了说明,包括波特率为 9600、字长为 8 bit(其
中 7 位是数据,1 位是极性)、一个停止位、奇检校位、硬件流控制禁用等信息。

通常,串口通信使用 3 根线完成:地线、发送线和接收线。由于串口通信是异步的,端口
能够在一根线上发送数据的同时在另一根线上接收数据。这种方式称为全双工传输。其他
线用于握手,但不是必需的。串口通信最重要的参数是波特率、数据位、停止位和奇偶校验
位。对于两个进行通信的端口,这些参数必须匹配。

① 波特率是衡量通信速度的参数,它表示每秒钟传送的位数。

② 数据位是衡量通信中实际数据位的参数。每个包是指一个字节,包括开始/停止位、
数据位和奇偶校验位。

③ 停止位用于表示单个包的最后一位。

④ 奇偶校验位是用于串口通信的一种简单的检错方式。有 4 种检错方式:偶、奇、高和
低。当然,没有校验位也是可以的。

由于 Nucleo-F103 开发板上没有 USB 转串口芯片,
而 STM32 的 GPIO 端口使用的是 TTL 电平,因此需要
用户自己准备一个 USB 转 TTL 模块。通常使用的
USB 转 TTL 模块有 CP2102、PL2303 和 CH340。

本书使用的是正点原子出品的 USB 转串口模块(如
图 8‑22 所示),自带 TTL 电平接口,使用时需要用三根
线与 Nucleo-F103 开发板相连,分别是 TXD 线、RXD 线
和 GND 线。

图 8‑22 串口转换模块实物图

"readme. txt"文件对硬件接口有详细说明,指出需要将 PA. 09 连接到 USB 转串口模块的 RXD 线上,PA. 10 连接到 USB 转串口模块的 TXD 线上,如图 8 - 23 所示,将 USB 转串口模块的 GND 线与开发板的 GND 线连接在一起。

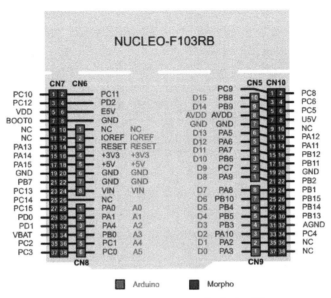

图 8 - 23　Nucleo-F103RB 部分原理图

通过杜邦线完成连接后,将 USB 转串口模块的 USB 线插到 PC 上,本书使用的操作系统是 Windows 10,会自动安装驱动,如果用户使用的是其他操作系统,需要自行安装模块的驱动。

驱动安装完成后,在计算机桌面上右键单击"我的电脑",在弹出的快捷菜单中点击"管理",然后在打开的"计算机管理"窗口中点击"设备管理器",可以看到对应的端口为 COM9,如图 8 - 24 所示。

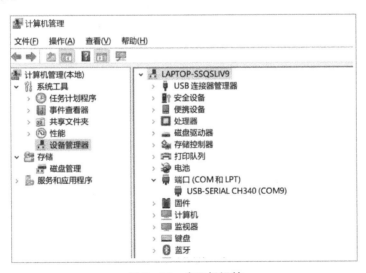

图 8 - 24　串口标识符

还需要一个串口调试助手来收取串口发回的数据,本节使用的是 SSCOM,版本为 V5.13.1。打开串口调试助手后,点击"打开串口"按钮。

此时,将例程编译并烧写到 Nucleo-F103 开发板上,串口调试助手会显示开发板上传的数据(如图 8-25 所示):

UART Printf Example: retarget the C library printf function to the UART
** Test finished successfully. **

图 8-25　串口调试工具

接下来详解例程中新增函数的代码。

例程的 main()函数中有一段函数是对 UART 的初始化,具体代码如下:

```
/* ## - 1- Configure the UART peripheral ################* /
/* Put the USART peripheral in the Asynchronous mode (UART Mode) * /
/* UART configured as follows:
  - Word Length = 8 Bits (7 data bit + 1 parity bit) : BE CAREFUL : Program 7
data bits + 1 parity bit in PC HyperTerminal
  - Stop Bit= One Stop bit
  - Parity= ODD parity
  - BaudRate= 9600 baud
  - Hardware flow control disabled (RTS and CTS signals) * /
UartHandle.Instance= USARTx;
```

```
UartHandle.Init.BaudRate = 9600;
UartHandle.Init.WordLength = UART_WORDLENGTH_8B;
UartHandle.Init.StopBits = UART_STOPBITS_1;
UartHandle.Init.Parity = UART_PARITY_ODD;
UartHandle.Init.HwFlowCtl = UART_HWCONTROL_NONE;
UartHandle.Init.Mode = UART_MODE_TX_RX;
if (HAL_UART_Init(&UartHandle) ! = HAL_OK)
{
    /* Initialization Error */
    Error_Handler();
}
```

UartHandle 等函数的定义可以通过右键菜单查找,配合 RM0008 文档中的相关内容,可以深入理解 C 语言代码。

main()函数之后,还有一段代码负责将 C 标准库的 printf()函数重新定位到 USART:

```
/**
  * @brief Retargets the C library printf function to the USART.
  * @param None
  * @retval None
  */
PUTCHAR_PROTOTYPE
{
  /* Place your implementation of fputc here */
  /* e.g. write a character to the USART1 and Loop until the end of
     transmission */
  HAL_UART_Transmit(&UartHandle, (uint8_t *)&ch, 1, 0xFFFF);

  return ch;
}
```

右键单击 PUTCHAR_PROTOTYPE()函数,可以定位到该函数的定义。该函数是 C 标准库函数 fptuc()的重定向,该函数的两个参数分别是 ch 和 *f,串口输出数据时通过调用 HAL_UART_Transmit()函数实现 printf()的重定向:

```
# define PUTCHAR_PROTOTYPE int fputc(int ch, FILE * f)
```

2. 使用 STM32CubeMX 新建项目

和 8.3.1 节一样,我们将使用 STM32CubeMX 工具,配合 Keil MDK-ARM 编译环境,新建自己的工程项目。我们同样需要执行 8.3.1 节中所述的 8 个步骤。

完成步骤①～步骤④后,STM32CubeMX 已经将外设配置好,可以看到 USART 的引脚为 PA2 和 PA3,此时需要将引脚重新定义为 PA9 和 PA10,只需要点击 PA9 引脚,选中 "USART1_TX"即可实现,如图 8－26 所示。

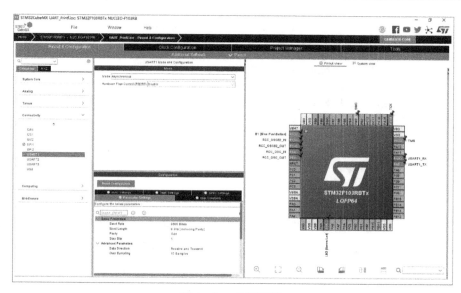

图 8-26　配置引脚

在步骤⑤中,MCU 时钟树采用默认配置。

下面进行 USART 的配置。在 STM32CubeMX 主界面的"Pinout & Configuration"选项卡中,依次点击左边的"Connectivity"→"USART1",然后在界面中间的"Parameter Settings"选项卡中修改串口的参数,将"Baud Rate"设置为"9600 Bits/s","Word Length"设置为"8 Bits","Parity"设置为"Odd"(奇检校),如图 8-26 所示。

然后打开"Project Manager"选项卡设置工程项目的路径,本书使用的路径是桌面\book\UART,将"Toolchain/IDE"选项设置为"MDK-ARM",然后点击"GENERATE CODE"按钮即可生成 C 工程项目代码。

接着打开刚刚生成的 C 工程项目,找到其中的 main()函数,与 ST 官方 Cube 库提供的 UART_Printf 例程对比,发现新增了 MX_USART1_UART_Init()函数,如图 8-27 所示。

图 8-27　"main. c"文件对比

右键单击 MX_USART1_UART_Init()函数,可以定位到该函数的定义和内容。该函数实质上是将 UART_Printf 例程中 USART1 的各项参数进行了初始化,如下所示:

```
/**
 * @brief USART1 Initialization Function
 * @param None
 * @retval None
*/
static void MX_USART1_UART_Init(void)
{

  /* USER CODE BEGIN USART1_Init 0 */

  /* USER CODE END USART1_Init 0 */

  /* USER CODE BEGIN USART1_Init 1 */
  /* USER CODE END USART1_Init 1 */
  huart1.Instance = USART1;
  huart1.Init.BaudRate = 9600;
  huart1.Init.WordLength = UART_WORDLENGTH_8B;
  huart1.Init.StopBits = UART_STOPBITS_1;
  huart1.Init.Parity = UART_PARITY_ODD;
  huart1.Init.Mode = UART_MODE_TX_RX;
  huart1.Init.HwFlowCtl = UART_HWCONTROL_NONE;
  huart1.Init.OverSampling = UART_OVERSAMPLING_16;
  if (HAL_UART_Init(&huart1)!= HAL_OK)
  {
    Error_Handler();
  }
  /* USER CODE BEGIN USART1_Init 2 */

  /* USER CODE END USART1_Init 2 */

}
```

根据上一节对例程的分析,需要在 main()函数中添加 fptuc()的重定向的宏定义和 PUTCHAR_PROTOTYPE()函数。此外,由于 fputc()函数是 C 的标准库函数,因此需要在"main.c"文件的最前面引用"stdio.h"文件。补充的语句分别如下:

```
/* USER CODE BEGIN PFP */
# define PUTCHAR_PROTOTYPE int fputc(int ch, FILE* f)
/* USER CODE END PFP */

/* USER CODE BEGIN Includes */
# include "stdio.h"
/* USER CODE END Includes */
```

此外,还需要在/* USER CODE BEGIN 4 */和/* USER CODE END 4 */之间加入 PUTCHAR_PROTOTYPE()函数。

在 UART_Printf 例程中, main() 函数的主要功能是打印两句话, 因此仿照例程, 在 /*USER CODE BEGIN 2 */ 和 /*USER CODE END 2 */ 间加入下面这两句:

```
printf("\n\r UART Printf Example: retarget the C library printf function to
        the UART\n\r");
printf("** Test finished successfully. ** \n\r");
```

完成上述补充、修改后, 将 C 工程文件编译并烧写到 Nucleo-F103RB 开发板中, 就可以看到和图 8-26 一样的信息。

8.3.3 DMA 控制器

DMA 的全称为 Direct Memory Access, 即直接存储器访问。DMA 传输方式无需 CPU 直接控制传输, 也没有中断处理那样保留现场和恢复现场的过程, 它通过硬件为 RAM 与 I/O 设备开辟一条直接传送数据的通路, 能使 CPU 的效率大为提高。

DMA 控制器有 7 个通道, 每个通道专门用来管理来自一个或多个外设对存储器访问的请求; 还有一个仲裁器来协调各个 DMA 请求的优先权。

STM32 的 DMA 控制器有下面几个特点:

① 7 个通道中的每个通道都连接到专用的硬件 DMA 请求, 每个通道也支持软件触发。这些功能由软件配置。

② 来自一个 DMA 通道的请求之间的优先级是软件可编程的(由非常高、高、中、低 4 个级别组成), 在优先级相等时由硬件决定(请求 1 优先于请求 2, 依此类推)。

③ 独立的源和目标数据区的传输宽度(字节、半字、字), 模拟打包和拆包的过程。源/目标地址必须与数据传输宽度对齐。

④ 支持循环缓冲器管理。

⑤ 3 个事件标志(DMA 半传输、DMA 传输完成和 DMA 传输错误)在每个通道的单个中断请求中进行逻辑或运算。

⑥ 存储器到存储器的传输。

⑦ 外设到存储器、存储器到外设以及外设到外设的传输。

⑧ 闪存、SRAM、APB1、APB2 和 AHB 外设可作为访问源和访问目标。

⑨ 可编程的数据传输数量, 最多达 65536 个。

RM0008 文档对 DMA 控制器进行了详细描述, 接下来我们配合 STM32CubeMX 例程文件夹中的 UART_HyperTerminal_DMA 例程来学习 DMA 控制器。DMA 控制器功能框图如图 8-28 所示。

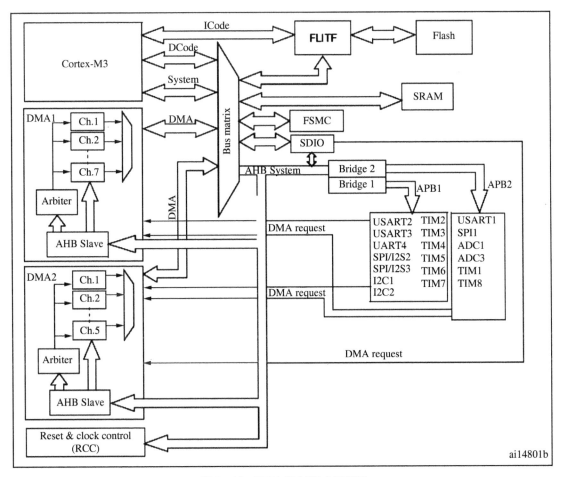

图 8 - 28　DMA 控制器功能框图

1. HAL 库例程详解

打开位于 STM32Cube_FW_Fl_V1. 8. 0\Projects\STM32F103RB-Nucleo\Examples\
UART\UART_HyperTerminal_DMA\MDK-ARM 文件夹中名为"Project. uvprojx"的工程
文件,然后在 Keil MDK-ARM 开发环境中,在左边的"Project"窗格中找到"readme. txt"文
档并打开,文档内容如下:

```
@par Example Description

UART transmission (transmit/receive) in DMA mode
between a board and an HyperTerminal PC application.

Board: STM32F103RB-Nucleo
Tx Pin: PA.09 (Pin 21 in CN10)
Rx Pin: PA.10 (Pin 33 in CN10)
```

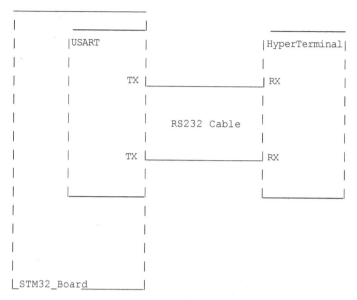

```
 _____                         _____
|                  |                       |                  |
|   |USART     |   |                       |HyperTerminal|    |
|   |          |   |                       |             |    |
|   |      TX  |___|_____|_RX          |    |
|   |          |   |                       |             |    |
|   |          |   |    RS232 Cable        |             |    |
|   |          |   |                       |             |    |
|   |      TX  |___|_____|_RX          |    |
|   |          |   |                       |             |    |
|   |_____|   |                       |_____|    |
|                  |                        _____
|                  |
|                  |
|                  |
|                  |
|_STM32_Board_____|
```

At the beginning of the main program the HAL_Init() function is called to reset all the peripherals, initialize the Flash interface and the systick.
Then the SystemClock_Config() function is used to configure the system clock (SYSCLK) to run at 64 MHz for STM32F1xx Devices.

The UART peripheral configuration is ensured by the HAL_UART_Init() function. This later is calling the HAL_UART_MspInit() function which core is implementing the configuration of the needed UART resources according to the used hardware (CLOCK, GPIO, DMA and NVIC). You may update this function to change UART configuration.

The UART/Hyperterminal communication is then initiated.
The HAL_UART_Receive_DMA() and the HAL_UART_Transmit_DMA() functions allow respectively the reception of Data from Hyperterminal and the transmission of a predefined data buffer.

The Asynchronous communication aspect of the UART is clearly highlighted as the data buffers transmission/reception to/from Hyperterminal are done simultaneously.
For this example the TxBuffer is predefined and the RxBuffer size is limited to 10 data by the mean of the RXBUFFERSIZE define in the main.c file.

In a first step the received data will be stored in the RxBuffer buffer and the TxBuffer buffer content will be displayed in the Hyperterminal interface.
In a second step the received data in the RxBuffer buffer will be sent back to Hyperterminal and displayed.
The end of this two steps are monitored through the HAL_UART_GetState() function result.

STM32 board's LEDs can be used to monitor the transfer status:
    - LED2 turns ON if transmission/reception is complete and OK.

- LED2 turns OFF when there is an error in transmission/reception process
(HAL_UART_ErrorCallback is called).
- LED2 toggles when there another error is detected.

The UART is configured as follows:
- BaudRate = 9600 baud
- Word Length = 8 Bits (7 data bit + 1 parity bit)
- One Stop Bit
- Odd parity
- Hardware flow control disabled (RTS and CTS signals)
- Reception and transmission are enabled in the time

@ note USARTx/UARTx instance used and associated resources can be updated in "main.h" file depending hardware configuration used.

@note When the parity is enabled, the computed parity is inserted at the MSB position of the transmitted data.

@par Directory contents

- UART/UART_HyperTerminal_DMA/Inc/stm32f1xx_hal_conf.h
　　　HAL configuration file
- UART/UART_HyperTerminal_DMA/Inc/stm32f1xx_it.h
　　　DMA interrupt handlers header file
- UART/UART_HyperTerminal_DMA/Inc/main.h
　　　Header for main.c module
- UART/UART_HyperTerminal_DMA/Src/stm32f1xx_it.c
　　　DMA interrupt handlers
- UART/UART_HyperTerminal_DMA/Src/main.c
　　　Main program
- UART/UART_HyperTerminal_DMA/Src/stm32f1xx_hal_msp.c
　　　HAL MSP module
- UART/UART_HyperTerminal_DMA/Src/system_stm32f1xx.c
　　　STM32F1xx system source file

@ par Hardware and Software environment

- This example runs on STM32F103xB devices.

- This example has been tested with STM32F103RB- Nucleo board and can be easily tailored to any other supported device and development board.

- SSTM32F103RB_Nucleo Set-up
  - Connect USART1 TX (PA9 - D8 on CN5) to RX pin of PC serial port (or USB to UART adapter) and USART1 RX (PA10 - D2 on CN9) to TX pin of PC serial port.

- Hyperterminal configuration:
  - Word Length =7 Bits
  - One Stop Bit
  - Odd parity

```
        - BaudRate = 9600 baud
        - flow control: None

    @par How to use it ?

    In order to make the program work, you must do the following :
        - Open your preferred toolchain
        - Rebuild all files and load your image into target memory
        - Run the example
```

从 @parExample Description 这段可以知道,该例程是在开发板和 PC 端的超级终端应用程序之间以 DMA 模式进行 UART 传输(发送/接收)。在 main()函数的开头,调用 HAL _Init()函数以重置所有外围设备,初始化 Flash 接口和系统节拍(systick)。然后,使用 SystemClock_Config()函数将系统时钟(SYSCLK)配置为 64 MHz。UART 的参数由 HAL _UART_Init()函数配置。接下来调用 HAL_UART_MspInit()函数,内核将根据使用的硬件(CLOCK、GPIO、DMA 和 NVIC)实现所需 UART 资源的配置。也可以更新此函数以更改 UART 配置。然后启动 UART/超级终端通信。HAL_UART_Receive_DMA()和 HAL _UART_Transmit_DMA()函数分别允许从超级终端接收数据和传输预定义的数据缓冲区。每次通信结束之后,会调用 HAL_UART_GetState()函数检查是否完成通信。LED2 的亮和灭可供用户判断每次通信是否成功,LED2 亮代表通信成功;LED2 灭代表通信失败;如果出现其他错误,则 LED2 会闪烁。

打开"main.c"文件,main()函数的内容如下:

```
int main(void)
{

    /*  STM32F103xB HAL library initialization:
        - Configure the Flash prefetch
        - Systick timer is configured by default as source of time base, but user
          can eventually implement his proper time base source (a general pur-
          pose timer for example or other time source), keeping in mind that Time
          base duration should be kept 1ms since PPP_TIMEOUT_VALUEs are defined
          and handled in milliseconds basis.
        - Set NVIC Group Priority to 4
        - Low Level Initialization
    */
    HAL_Init();

    /*  Configure the system clock to 64 MHz */
    SystemClock_Config();

    /*  Configure LED2 */
    BSP_LED_Init(LED2);

    /* ## -1- Configure the UART peripheral #############*/
    /*  Put the USART peripheral in the Asynchronous mode (UART Mode) */
```

```
/* UART configured as follows:
   - Word Length =  8 Bits (7 data bit +  1 parity bit) :
     BE CAREFUL : Program 7 data bits +  1 parity bit in PC HyperTerminal
   - Stop Bit= One Stop bit
   - Parity= ODD parity
   - BaudRate= 9600 baud
   - Hardware flow control disabled (RTS and CTS signals) */
UartHandle.Instance= USARTx;

UartHandle.Init.BaudRate= 9600;
UartHandle.Init.WordLength= UART_WORDLENGTH_8B;
UartHandle.Init.StopBits= UART_STOPBITS_1;
UartHandle.Init.Parity= UART_PARITY_ODD;
UartHandle.Init.HwFlowCtl= UART_HWCONTROL_NONE;
UartHandle.Init.Mode= UART_MODE_TX_RX;
if (HAL_UART_Init(&UartHandle) ! =  HAL_OK)
{
  /*  Initialization Error */
  Error_Handler();
}
  /* ## -2- Start the transmission process ###########*/
  /* User start transmission data through "TxBuffer" buffer * /
  if (HAL_UART_Transmit_DMA(&UartHandle, (uint8_t*)aTxBuffer,
      TXBUFFERSIZE)! =  HAL_OK)
  {
    /*  Transfer error in transmission process * /
    Error_Handler();
  }

  /* ## - 3- Put UART peripheral in reception process #########*/
  /* Any data received will be stored in "RxBuffer" buffer : the number max
     of data received is 10 */
  if (HAL_UART_Receive_DMA(&UartHandle, (uint8_t*)aRxBuffer, RXBUFFER-
      SIZE) ! =  HAL_OK)
  {
  /* Transfer error in reception process * /
  Error_Handler();
  }

  /* ## - 4- Wait for the end of the transfer #############*/
  /* Before starting a new communication transfer, you need to check the cur-
     rent state of the peripheral; if it is busy you need to wait for the end of
     current transfer before starting a new one.
        For simplicity reasons, this example is just waiting till the end of
     the transfer, but application may perform other tasks while transfer
     operation is ongoing. * /
  while (HAL_UART_GetState(&UartHandle) ! =  HAL_UART_STATE_READY)
  {
  }
```

```
/* ## - 5- Send the received Buffer ##############*/
if (HAL_UART_Transmit_DMA(&UartHandle, (uint8_t*)aRxBuffer, RXBUFFER-
   SIZE) != HAL_OK)
{
  /* Transfer error in transmission process */
  Error_Handler();
}

/* ## - 6- Wait for the end of the transfer #########*/
/* Before starting a new communication transfer, you need to check the
   current state of the peripheral; if it is busy you need to wait for the
   end of current transfer before starting a new one.
     For simplicity reasons, this example is just waiting till the end of
   the transfer, but application may perform other tasks while transfer
   operation is ongoing. */
while (HAL_UART_GetState(&UartHandle)!=HAL_UART_STATE_READY)
{
{
/* Infinite loop */
while (1)
{
}
}
}
```

下面来分析 main() 函数的源代码。例程先调用 HAL_Init() 函数初始化系统,然后调用 SystemClock_Config() 函数配置系统时钟,调用 BSP_LED_Init(LED2) 函数初始化 LED2。接下来的过程是:配置 UART 外设、开始传输过程、将 UART 外设置于接收过程中、等待传输结束、发送收到的缓冲区、等待传输结束。"readme.txt"文档对 USART 的配置有详细说明,需要在 HAL_UART_Init() 函数内部调用 HAL_UART_MspInit() 函数。右键单击 HAL_UART_Init() 函数,在定位到的函数定义中找到 HAL_UART_MspInit(huart) 函数,再右键单击打开,该函数的定义在"stm32f1xx_hal_msp.c"文件中,DMA 的两个通道 TX 和 RX 通过 HAL_DMA_Init() 函数实现。

以 TX 通道为例,具体配置时,需要从引脚、模式、上下拉、速率来配置 GPIO 端口。接下来还要配置 DMA 的方向、外设地址增量、存储器地址增量、外设数据宽度、存储器数据宽度、模式、极性等,具体定义见 RM0008 文档相关章节。

STM32 对每个通道的 DMA 请求已经做好分配,具体见表 8-1,比如 USART1_TX 必须定义在通道 4,USART1_RX 必须定义在通道 5。后面使用 STM32CUBEMX 配置工程时,只需按系统提示选择即可。在这一点上,STM32CubeMX 比使用库文件编程更有优势,不易出错。

表 8 - 1　每个通道的 DMA1 请求摘要

外设	通道 1	通道 2	通道 3	通道 4	通道 5	通道 6	通道 7
ADC1	ADC1	—	—	—	—	—	—
SPI/I²S	—	SPI1_RX	SPI1_TX	SP12/12S2_RX	SPI2/12S2_TX	—	—
USART	—	USART3_TX	USART3_RX	USART1_TX	USART1_RX	USART2_RX	USART2_TX
I²C	—	—	—	I2C2_TX	I2C2_RX	I2C1_TX	I2C1_RX
TIM1	—	TIM1_CH1	—	TIM1_CH4 TIM1_TRIG TIM1_COM	TIM1_UP	TIM1_CH3	—
TIM2	TIM2_CH3	TIM2_UP	—	—	TIM2_CH1	—	TIM2_CH2 TIM2_CH4
TIM3	—	TIM3_CH3	TIM3_CH4 TIM3_UP	—	—	TIM3_CH1 TIM3_TRIG	—
TIM4	TIM4_CH1	—	—	TIM4_CH2	TIM4_CH3	—	TIM4_UP

以下代码对 GPIO 端口和 DMA 进行了配置：

```
/* ##-2- Configure peripheral GPIO ############*/
/*  UART TX GPIO pin configuration */
GPIO_InitStruct.Pin = USARTx_TX_PIN;
GPIO_InitStruct.Mode = GPIO_MODE_AF_PP;
GPIO_InitStruct.Pull = GPIO_PULLUP;
GPIO_InitStruct.Speed = GPIO_SPEED_FREQ_HIGH;

HAL_GPIO_Init(USARTx_TX_GPIO_PORT, &GPIO_InitStruct);

/*  UART RX GPIO pin configuration */
GPIO_InitStruct.Pin = USARTx_RX_PIN;
GPIO_InitStruct.Mode = GPIO_MODE_INPUT;

HAL_GPIO_Init(USARTx_RX_GPIO_PORT, &GPIO_InitStruct);

/* ## - 3- Configure the DMA ###############*/
/*  Configure the DMA handler for Transmission process */
hdma_tx.Instance= USARTx_TX_DMA_CHANNEL;
hdma_tx.Init.Direction= DMA_MEMORY_TO_PERIPH;
hdma_tx.Init.PeriphInc= DMA_PINC_DISABLE;
hdma_tx.Init.MemInc= DMA_MINC_ENABLE;
hdma_tx.Init.PeriphDataAlignment= DMA_PDATAALIGN_BYTE;
hdma_tx.Init.MemDataAlignment= DMA_MDATAALIGN_BYTE;
hdma_tx.Init.Mode= DMA_NORMAL;
hdma_tx.Init.Priority= DMA_PRIORITY_LOW;

HAL_DMA_Init(&hdma_tx);

/*  Associate the initialized DMA handle to the UART handle */
__HAL_LINKDMA(huart, hdmatx, hdma_tx);

/*  Configure the DMA handler for reception process */
hdma_rx.Instance= USARTx_RX_DMA_CHANNEL;
```

```
hdma_rx.Init.Direction= DMA_PERIPH_TO_MEMORY;
hdma_rx.Init.PeriphInc= DMA_PINC_DISABLE;
hdma_rx.Init.MemInc= DMA_MINC_ENABLE;
hdma_rx.Init.PeriphDataAlignment= DMA_PDATAALIGN_BYTE;
hdma_rx.Init.MemDataAlignment= DMA_MDATAALIGN_BYTE;
hdma_rx.Init.Mode= DMA_NORMAL;
hdma_rx.Init.Priority= DMA_PRIORITY_HIGH;

HAL_DMA_Init(&hdma_rx);
```

RM0008 文档对 HAL_UART_Transmit_DMA 的实现过程进行了清晰的描述：

① 在 DMA CPARx 寄存器中设置外设寄存器地址。外设事件发生后，数据将从这个地址移到存储器中。

② 在 DMA_CMARx 寄存器中设置存储器地址。外设事件发生后，数据将被写入该存储器或从该存储器读取。

③ 配置要在 DMA_CNDTRx 寄存器中传输的数据总量。在每个外设事件之后，该值将递减。

④ 使用 DMA_CCRx 寄存器中的 PL[1:0] 位配置通道优先级。

⑤ 在 DMA_CCRx 寄存器中配置数据传输方向、循环模式、外设地址和存储器地址增量模式、外设和存储器的数据宽度以及半传输和/或完全传输后的中断。

⑥ 通过在 DMA_CCRx 寄存器中设置启用位来激活通道。

2. 使用 STM32CubeMX 新建项目

在桌面\book\UART 路径下新建"UART_HyperTerminal_DMA"文件夹，选择 Nucleo-F103RB 开发板，此时工程按照开发板默认配置初始化。

接下来需要在工程文件中添加 USART1。如图 8 - 29 所示，在 STM32CubeMX 主界面的"Pinout & Configuration"选项卡中，依次点击"Connectivity"→"USART1"，将"Mode"设置为"Asynchronous"，其余配置采用默认值。

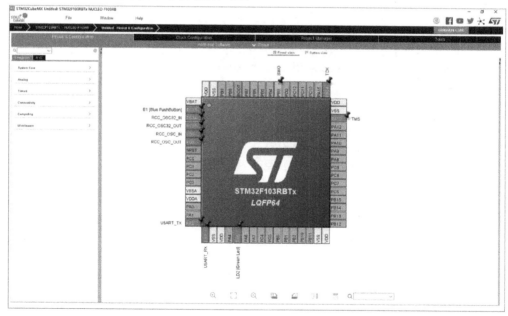

图 8 - 29 添加 USART1

然后需要配置 DMA。如前所述,在"Pinout & Configuration"选项卡中依次点击"System Core"→"DMA",主界面中间出现 DMA1 的配置页,点击"Add"按钮添加 USART1_RX 和 USART1_TX 两个 DMA 源,可以看到对应的 DMA 通道分别是 DMA_Channel5 和 DMA1_Channel4,如图 8 - 30 所示。接下来配置 NVIC,同前面一样,依次点击"System Core"→"NVIC",在主界面中可以看到 NVIC 中断源,选中"DMA1 channel5 global interrupt"、"DMA1 channel4 global interrupt"和"USART1 global interrupt"复选框即可。然后配置抢占优先级(Preemption Priority),最后生成 C 工程项目。

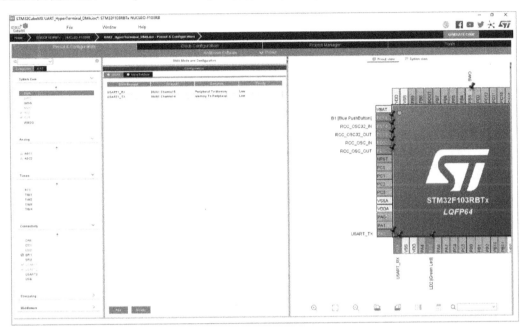

图 8 - 30　配置 DMA

在 Keil DMK_ARM 开发环境中打开生成的 C 工程项目,按"F7"键编译工程文件,可以看到工程顺利通过编译。接下来完善代码,打开"main. c"文件。

(1) 在/*USER CODE BEGIN PTD */和/* USER CODE END PTD */之间加入接收和发送数组定义,如下所示:

```
/* Buffer used for transmission */
uint8_t aTxBuffer[] = "\n\r * * * *UART-Hyperterminal communication based on
DMA* * * * \n\r Enter 10 characters using keyboard :\n\r";

/* Buffer used for reception */
uint8_t aRxBuffer[RXBUFFERSIZE];
```

(2) 定义数组大小,在/ * USER CODE BEGIN PTD */和/* USER CODE END PTD * / 之间加入发送和接收宏定义,如下所示:

```
/* Private typedef - - - - - - - - - - - - - - - - - - - - - - - - - - - - - * /
/* USER CODE BEGIN PTD */
```

```
/*  Size of Trasmission buffer */
# define TXBUFFERSIZE (COUNTOF (aTxBuffer) - 1)

/*  Size of Reception buffer */
# define RXBUFFERSIZE

/*  Exported macro - - - - - - - - - - - - - - - - - - - - - - - - - - - - - * /
# define COUNTOF(__BUFFER__) (sizeof(__BUFFER__) / sizeof(* (__BUFFER__)))
/*  Exported functions - - - - - - - - - - - - - - - - - - - - - - - - * /

/*  USER CODE END PTD */
```

(3) 补充 DMA 收发过程的代码,在/* USER CODE BEGIN 2 */和/* USER CODE END 2 */之间加入如下代码:

```
/*  USER CODE BEGIN 2 */
/* ## -2-  Start the transmission process ###############* /
  /*  User start transmission data through "TxBuffer" buffer */
  if (HAL_UART_Transmit_DMA(&UartHandle, (uint8_t*)aTxBuffer,
    TXBUFFERSIZE)! = HAL_OK)
  {
    /*  Transfer error in transmission process */
    Error_Handler();
  }

  /* ## - 3-  Put UART peripheral in reception process ###########* /
  /*  Any data received will be stored in "RxBuffer" buffer : the number max of
    data received is 10 */
  if (HAL_UART_Receive_DMA (&UartHandle, (uint8_t *) aRxBuffer,
    RXBUFFERSIZE)! =
      HAL_OK)
  {
    /*  Transfer error in reception process */
    Error_Handler();
  }
/* ## - 4- Wait for the end of the transfer ##############*/
/*  Before starting a new communication transfer, you need to check the
    current
    state of the peripheral; if it is busy you need to wait for the end of
    current transfer before starting a new one.
    For simplicity reasons, this example is just waiting till the end of the
    transfer, but application may perform
    other tasks while transfer operation is ongoing. */
while (HAL_UART_GetState(&UartHandle) ! = HAL_UART_STATE_READY)
  {
  }

  /* ## - 5-  Send the received Buffer ####################* /
  if (HAL_UART_Transmit_DMA(&UartHandle, (uint8_t *) aRxBuffer, RXBUFFER-
    SIZE)! =
```

```
        HAL_OK)
    {
      /*  Transfer error in transmission process * /
      Error_Handler();
    }

    /* ## - 6-  Wait for the end of the transfer ##############* /
    /*  Before starting a new communication transfer, you need to check the
        current state of the peripheral; if it is busy you need to wait for the end
        of current transfer before starting a new one.
        For simplicity reasons, this example is just waiting till the end of the
        transfer, but application may perform other tasks while transfer
        operation is ongoing. * /

    while (HAL_UART_GetState(&UartHandle)! = HAL_UART_STATE_READY)
    {
    }

    /*  USER CODE END 2 * /
```

然后需要将各函数中的 UartHandle 修改为 huart1,与"main. c"文件中最开始定义的全局变量保持一致。

（4）修改 Error_Handler() 函数,将 LED 灯闪烁代码添加进去,BSP_LED_Toggle() 函数需要修改为 HAL 库函数 HAL_GPIO_TogglePin(),参数分别为 GPIOA 和 LD2_Pin,如下所示:

```
    {
      /*  USER CODE BEGIN Error_Handler_Debug * /
      /*  User can add his own implementation to report the HAL error return
          state * /
      while(1)
      {
        HAL_GPIO_TogglePin(GPIOA,LD2_Pin);
        HAL_Delay(1000);
      }
      /*  USER CODE END Error_Handler_Debug * /
    }
```

（5）在/*USER CODE BEGIN 4 */和/*USER CODE END 4 */之间补充回调函数,如下所示:

```
/* *
  *  @brief Tx Transfer completed callback
  *  @param huart: UART handle.
  *  @note This example shows a simple way to report end of DMA Tx transfer, and
  *          you can add your own implementation.
  *  @retval None
  */
void HAL_UART_TxCpltCallback(UART_HandleTypeDef * huart)
```

```
{
  /* Toogle LED2 : Transfer in transmission process is correct */
  BSP_LED_On(LED2);
}


/**
  * @brief Rx Transfer completed callback
  * @param huart: UART handle
  * @note This example shows a simple way to report end of DMA Rx transfer, and
  *        you can add your own implementation.
  * @retval None
  */
void HAL_UART_RxCpltCallback(UART_HandleTypeDef * huart)
{
  /* Turn LED2 on: Transfer in reception process is correct */
  BSP_LED_On(LED2);
}


/**
  * @brief UART error callbacks
  * @param huart: UART handle
  * @note This example shows a simple way to report transfer error,
  *        and you can add your own implementation.
  * @retval None
  */
void HAL_UART_ErrorCallback(UART_HandleTypeDef * huart)
{
  /* Turn LED2 off: Transfer error in reception/transmission process */
  BSP_LED_Off(LED2);
}
```

然后需要将 BSP_LED_On() 和 BSP_LED_Off() 修改为 HAL_GPIO_WritePin() 函数，对于 On 和 Off 状态，分别修改其中的参数为 (GPIOA, LD2_Pin, GPIO_PIN_SET) 或 (GPIOA, LD2_Pin, GPIO_PIN_RESET)。

修改完成后，重新编译工程，然后将程序代码烧写到开发板中。使用 USB 转串口模块将开发板连接到 PC 端，在 PC 端打开串口调试助手，将波特率设置为 115200，可看到开发板上的数据可以回传到 PC 上。

8.3.4 中断

中断是单片机学习的重点和要点之一，深入了解中断才能学好 STM32 单片机。通俗地讲，中断就是 CPU 在遇到一个需要即时处理的情况时，暂时中止当前程序的执行，转而处理新情况。

1. HAL 库例程详解

STM32CubeMX 的例程文件夹中有图 8-31 所示外设的例程，其中并没有直接针对中断的例程。在 STM32Cube_FW_F1_V1.8.0\Projects 下还有其他开发板的例程，其中在

STM32VL-Discovery\Examples\GPIO 文件夹中就有专门针对中断的例程，名为"GPIO_EXTI"。

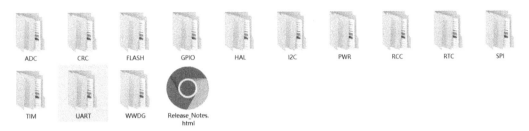

图 8 - 31　STM32CubeMX 的例程文件夹

打开该例程的工程文件，然后找到"Doc"文件夹中的"readme. txt"文件，文件内容如下：

```
@par Example Description

How to configure external interrupt lines.
In this example, one EXTI line (EXTI_Line0) is configured to generate an
interrupt on each falling edge.
In the interrupt routine a led connected to a specific GPIO pin is toggled.

In this example:
    - EXTI_Line0 is connected to PA.00 pin
    - when falling edge is detected on EXTI_Line0 by pressing User
      push- button, LED3 toggles

On STM32VL- Discovery:
    - EXTI_Line0 is connected to User push- button

In this example, HCLK is configured at 24 MHz.

@note Care must be taken when using HAL_Delay(), this function provides
      accurate delay (in milliseconds) based on variable incremented in Sy-
      sTick ISR. This implies that if HAL_Delay() is called from a peripheral
      ISR process, then the SysTick interrupt must have higher priority (nu-
      merically lower) than the peripheral interrupt. Otherwise the caller ISR
      process will be blocked.
      To change the SysTick interrupt priority you have to use HAL_NVIC_
      SetPriority() function.

@note The application need to ensure that the SysTick time base is always set
      to 1 millisecond to have correct HAL operation.

@par Directory contents

    - GPIO/GPIO_EXTI/Inc/stm32f1xx_hal_conf.h
                    HAL configuration file
    - GPIO/GPIO_EXTI/Inc/stm32f1xx_it.h
                    Interrupt handlers header file
```

```
      - GPIO/GPIO_EXTI/Inc/main.h
                    Header for main.c module
      - GPIO/GPIO_EXTI/Src/stm32f1xx_it.c
                    Interrupt handlers
      - GPIO/GPIO_EXTI/Src/main.c
                    Main program
      - GPIO/GPIO_EXTI/Src/system_stm32f1xx.c
                    STM32F1xx system source file

   @par Hardware and Software environment

      - This example runs on STM32F1xx devices.

      - This example has been tested with STM32VL-Discovery board and can be
        easily tailored to any other supported device and development board.

   @par How to use it ?

   In order to make the program work, you must do the following :
      - Open your preferred toolchain
      - Rebuild all files and load your image into target memory
      - Run the example
```

从 @parExample Description 这段可以了解到,该例程使用一个 EXTI Line 在下降沿到达时产生中断,下降沿的相关知识在数字电子技术课程中会有介绍,这里不详述。在开发板上,按下按键就会有一个上升沿产生,中断管理器读取到该中断后,会翻转 LED 的状态。

还是从 main() 函数开始分析代码,如下所示:

```
int main(void)
{
    /* STM32F1xx HAL library initialization:
        - Configure the Flash prefetch
        - Systick timer is configured by default as source of time base, but
          user can eventually implement his proper time base source (a general
          purpose timer for example or other time source), keeping in mind
          that Time base duration should be kept 1ms since PPP_TIMEOUT_VALUEs
          are defined and handled in milliseconds basis.
        - Set NVIC Group Priority to 4
        - Low Level Initialization
    */
    HAL_Init();

    /* Configure the system clock to 24 MHz */
    SystemClock_Config();

    /* -1- Initialize LEDs mounted on STM32VL-Discovery board */
    BSP_LED_Init(LED3);

    /* -2- Configure EXTI_Line0 (connected to PA.00 pin) in interrupt
```

```
mode * /
    EXTI0_IRQHandler_Config();

    /*  Infinite loop */
    while (1)
    {
    }
}
```

与前面几节的例程相似,首先调用 HAL_Init()函数配置 Flash 预读取、systick 定时器、NVIC 和低级初始化,然后调用 SystemClock_Config()函数配置系统时钟为 24 MHz。接下来配置 LED,最后在中断模式下配置 EXTI_Line0(连接到 PA. 00 引脚)。

HAL_Init()函数中的 HAL_NVIC_SetPriorityGrouping()函数在之前的例程中并未讲解,该函数用来设置中断优先级分组(抢占优先级和响应优先级),右键单击该函数,打开其详细的定义和描述,在"stm32f1xx_hal_cortex. c"文件中。

抢占,是指打断其他中断的属性,即因为具有这个属性会出现嵌套中断(在执行中断服务函数 A 的过程中被中断服务函数 B 打断,执行完中断服务函数 B 后再继续执行中断服务函数 A)。响应属性则应用在抢占属性相同的情况下,当两个中断向量的抢占优先级相同时,如果两个中断同时到达,则先处理响应优先级高的中断。

中断极性有 5 种分组方式,可以设置为 0、1、2、3、4。下面简单介绍一下,更详细的内容可参考《ARM Cortex-M3 与 Cortex-M4 权威指南》。

① 第 0 组:所有 4 位用来配置响应优先级,即 16 种中断向量具有各不相同的响应优先级。

② 第 1 组:最高 1 位用来配置抢占优先级,低 3 位用来配置响应优先级。表示有 $2^1 = 2$ 种抢占优先级(0 级和 1 级);有 $2^3 = 8$ 种响应优先级,即在 16 种中断向量之中,有 8 种中断向量的抢占优先级都为 0 级,而它们的响应优先级分别为 0~7,其余 8 种中断向量的抢占优先级则都为 1 级,响应优先级分别为 0~7。

③ 第 2 组:2 位用来配置抢占优先级,2 位用来配置响应优先级,即有 $2^2 = 4$ 种抢占优先级,$2^2 = 4$ 种响应优先级。

④ 第 3 组:高 3 位用来配置抢占优先级,最低 1 位用来配置响应优先级,即有 8 种抢占优先级,2 种响应优先级。

⑤ 第 4 组:所有 4 位用来配置抢占优先级,即 NVIC 配置的 $2^4 = 16$ 种中断向量都是只有抢占属性,没有响应属性。

以下代码描述了这 5 种分组:

```
/* *
 *  @brief Sets the priority grouping field (preemption priority and
            subpriority) using the required unlock sequence.
 * @param PriorityGroup: The priority grouping bits length.
 *       This parameter can be one of the following values:
 *          @arg NVIC_PRIORITYGROUP_0: 0 bits for preemption priority
 *                          4 bits for subpriority
```

```
 *          @arg NVIC_PRIORITYGROUP_1: 1 bits for preemption priority
 *                                     3 bits for subpriority
 *          @arg NVIC_PRIORITYGROUP_2: 2 bits for preemption priority
 *                                     2 bits for subpriority
 *          @arg NVIC_PRIORITYGROUP_3: 3 bits for preemption priority
 *                                     1 bits for subpriority
 *          @arg NVIC_PRIORITYGROUP_4: 4 bits for preemption priority
 *                                     0 bits for subpriority
 * @note When the NVIC_PriorityGroup_0 is selected, IRQ preemption is no more
 *       possible.
 *          The pending IRQ priority will be managed only by the subpriority.
 *  @retval None
 */
```

在本例程中,设置中断优先级分组为 NVIC_PRIORITYGROUP_4。接下来分析 EX-TI0_IRQHandler_Config()函数,右键单击该函数,可看到函数的定义就在"main. c"文件中,如下所示:

```
/**
  * @brief Configures EXTI line 0 (connected to PA.00 pin) in interrupt mode
  * @param None
  * @retval None
  */
static void EXTI0_IRQHandler_Config(void)
{
  GPIO_InitTypeDef GPIO_InitStructure;

  /*  Enable GPIOA clock */
  __HAL_RCC_GPIOA_CLK_ENABLE();

  /*  Configure PA.00 pin as input floating */
  GPIO_InitStructure.Mode =  GPIO_MODE_IT_RISING;
  GPIO_InitStructure.Pull =  GPIO_NOPULL;
  GPIO_InitStructure.Pin =  GPIO_PIN_0;
  HAL_GPIO_Init(GPIOA, &GPIO_InitStructure);

  /*  Enable and set EXTI line 0 Interrupt to the lowest priority */
  HAL_NVIC_SetPriority(EXTI0_IRQn, 2, 0);
  HAL_NVIC_EnableIRQ(EXTI0_IRQn);
}
```

该函数的结构与普通 GPIO 初始化的定义十分相似,即配置 GPIO 模式为中断模式 GPIO_MODE_IT_RISING,再配置上下拉为 GPIO_NOPULL,配置引脚为 GPIO_PIN_0,然后在初始化 GPIO 后,使能并将 EXTI line 0 中断设置为最低优先级。

读者也许会感到困惑:为什么 PA0 被配置为 EXTI line 0? 在 RM0008 文档中对外部中断/事件线映射有描述,如图 8 - 32 所示,可看到 PA0 在芯片设计时已经被预划分到 EXTI0 上。

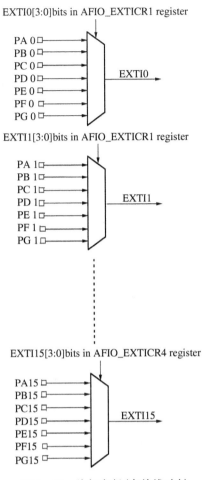

EXTI0[3:0]bits in AFIO_EXTICR1 register

PA 0
PB 0
PC 0
PD 0   EXTI0
PE 0
PF 0
PG 0

EXTI1[3:0]bits in AFIO_EXTICR1 register

PA 1
PB 1
PC 1
PD 1   EXTI1
PE 1
PF 1
PG 1

EXTI15[3:0]bits in AFIO_EXTICR4 register

PA15
PB15
PC15
PD15   EXTI15
PE15
PF15
PG15

图 8 - 32 外部中断/事件线映射

main()函数中并没有做其他的工作,这一点和我们之前分析的其他例程都不一样。在 STM32F103RB 的 Example/User 文件夹中有"stm32f1xx_it.c"文件,打开后会发现里面有很多以_Handler(void)结尾的空函数,例如:

```
/**
  *  @brief This function handles NMI exception.
  *  @param None
  *  @retval None
*/
void NMI_Handler(void)
{
}
```

NMI_Handler()、HardFault_Handler()其实是内核异常和外部中断触发的中断函数。 STM32F103RB 的中断源在 Example/MDK-ARM 文件夹的"startup_stm32f100xb.s"启动文件中已经预定义好,用户不得随意更改,节选如下:

```
__Vectors    DCD      __initial_sp             ; Top of Stack
             DCD      Reset_Handler            ; Reset Handler
             DCD      NMI_Handler              ; NMI Handler
             DCD      HardFault_Handler        ; Hard Fault Handler
```

在"stm32f1xx_it.c"文件中编写中断函数时,函数名必须与启动文件中的保持一致,否则无法进入中断。

在"stm32f1xx_it.c"文件的最下面找到 EXTI0_IRQHandler()函数,该函数通过调用 HAL_GPIO_EXTI_IRQHandler(USER_BUTTON_PIN)实现,右键单击该函数打开其定义,如下所示:

```
/**
  * @brief This function handles EXTI interrupt request.
  * @param GPIO_Pin: Specifies the pins connected EXTI line
  * @retval None
*/
void HAL_GPIO_EXTI_IRQHandler(uint16_t GPIO_Pin)
{
  /* EXTI line interrupt detected */
  if (__HAL_GPIO_EXTI_GET_IT(GPIO_Pin)!=0x00u)
  {
    __HAL_GPIO_EXTI_CLEAR_IT(GPIO_Pin);
    HAL_GPIO_EXTI_Callback(GPIO_Pin);
  }
}
```

__HAL_GPIO_EXTI_GET_IT()函数用来判断指定的 EXTI 行是否被中断,如果被中断,则调用__HAL_GPIO_EXTI_CLEAR_IT()函数清除中断,之后进入回调函数 HAL_GPIO_EXTI_Callback(),如下所示:

```
/**
  * @brief EXTI line detection callbacks
  * @param GPIO_Pin: Specifies the pins connected EXTI line
  * @retval None
*/
void HAL_GPIO_EXTI_Callback(uint16_t GPIO_Pin)
{
  if (GPIO_Pin == GPIO_PIN_0)
  {
    /* Toggle LED3 */
    BSP_LED_Toggle(LED3);
  }
}
```

HAL_GPIO_EXTI_Callback()函数在 main()函数中,主要实现的功能是当读取到 GPIO_PIN_0 按键按下时,令 LED3 状态翻转。

2. 使用 STM32CubeMX 新建项目

接下来我们可以给自己一点挑战,使用 STM32VL-Discovery\Examples\GPIO 文件夹中的 GPIO_EXTI 例程和 Nucleo-F103RB 开发板共同新建属于自己的工程项目,并运行在开发板上。

在计算机桌面的"book"文件夹下新建"EXTI"文件夹,然后新建 STM32CubeMX 工程项目,使用 Nucleo-F103RB 开发板的默认配置,系统已经自动将 Blue PushButton 和 Green Led 初始化。单击 PC13 引脚,可看到该引脚的外部中断已初始化为 GPIO_EXTI13,如图 8－33所示。

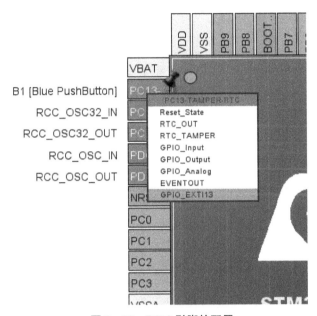

图 8－33　PC13 引脚的配置

接下来保存工程到指定目录,单击"GENERATE CODE"按钮生成 C 工程项目代码。然后在 Keil MDK-ARM 开发环境中将其打开,与 STM32VL-Discovery 文件夹中的 GPIO_EXTI 例程对比()。

打开新建工程的 MX_GPIO_Init()函数,其内容如以下代码所示,和例程的 main()函数中的中断初始化函数 EXTI0_IRQHandler_Config()的内容大致相同,只有引脚定义不一样,例程使用的是 PA0,而新建工程使用的是 PC13,如图 8－34 所示。

图 8 - 34　"main. c"文件对比

```
/**
  *  @brief GPIO Initialization Function
  *  @param None
  *  @retval None
*/
static void MX_GPIO_Init(void)
{
  GPIO_InitTypeDef GPIO_InitStruct = {0};

  /*  GPIO Ports Clock Enable */
  __HAL_RCC_GPIOC_CLK_ENABLE();
  __HAL_RCC_GPIOD_CLK_ENABLE();
  __HAL_RCC_GPIOA_CLK_ENABLE();
  __HAL_RCC_GPIOB_CLK_ENABLE();

  /* Configure GPIO pin Output Level */
  HAL_GPIO_WritePin(LD2_GPIO_Port, LD2_Pin, GPIO_PIN_RESET);

  /* Configure GPIO pin : B1_Pin */
  GPIO_InitStruct.Pin = B1_Pin;
  GPIO_InitStruct.Mode = GPIO_MODE_IT_RISING;
  GPIO_InitStruct.Pull = GPIO_NOPULL;
  HAL_GPIO_Init(B1_GPIO_Port, &GPIO_InitStruct);
```

```
/* Configure GPIO pin : LD2_Pin */
GPIO_InitStruct.Pin =  LD2_Pin;
GPIO_InitStruct.Mode =  GPIO_MODE_OUTPUT_PP;
GPIO_InitStruct.Pull =  GPIO_NOPULL;
GPIO_InitStruct.Speed =  GPIO_SPEED_FREQ_LOW;
HAL_GPIO_Init(LD2_GPIO_Port, &GPIO_InitStruct);

/*  EXTI interrupt init*/
HAL_NVIC_SetPriority(EXTI15_10_IRQn, 0, 0);
HAL_NVIC_EnableIRQ(EXTI15_10_IRQn);

}
```

接下来打开"stm32f1xx_it.c"文件,在文件最下面可以看到 EXTI 中断处理函数的定义,因此只需要在"main.c"文件中的/*USER CODE BEGIN 4 */和/*USER CODE END 4 */之间加入回调函数的定义,将 GPIO_PIN_0 修改为 GPIO_PIN_13,然后修改 BSP_LED_Toggle()函数为 Hal 库函数 HAL_GPIO_TogglePin(),修改函数参数为(LD2_GPIO_Port,LD2_Pin),如下所示:

```
void HAL_GPIO_EXTI_Callback(uint16_t GPIO_Pin)
{
  if (GPIO_Pin == GPIO_PIN_13)
  {
    /*  Toggle LED3 */
    HAL_GPIO_TogglePin(LD2_GPIO_Port,LD2_Pin);
  }
}
```

之后需要设置工程烧写完成之后自动复位,编译工程并将程序代码烧写到开发板中,最后按下蓝色按钮,可以看到绿色 LED 灯(LD2)状态的翻转。

3. 使用 ST-Link 进行硬件仿真

编写代码少不了调试,调试是能够最快提高 C 语言编程能力的途径,没有之一。本小节为读者详细介绍软件仿真及硬件调试的方法,并介绍一些 MDK 软件的使用技巧。

STM32 除了支持 JTAG(Joint Test Action Group, 联合测试工作组)接口,还支持 SW(Serial Wire,串行线路)接口,只需要使用单片机的 TCK 和 TMS 引脚即可完成仿真和烧写功能。接下来按步骤讲解如何使用 Nucleo-F103RB 开发板自带的 ST-Link 仿真器来调试STM32 单片机。

1) 连接设备

通过 USB 接口将开发板连接到 PC 上。

2) 配置 Keil MDK-ARM 的 Debug 属性

在 Keil MDK-ARM 开发环境中,右键单击 GPIO_EXTI 工程,然后在弹出的快捷菜单

中点击 Options for Target 'GPIO_EXTI'...　　　　　Alt+F7 ,打开"Options for Target 'GPIO_

EXTI'"对话框,选中"Debug"选项卡,然后选择"ST-Link Debugger",并且勾选"Run to main()"复选框,如图 8 - 35 所示。

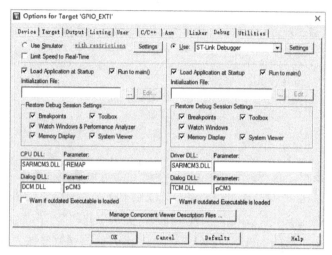

图 8 - 35 "Options for Target'GPIO_EXTI'"对话框

接下来点击"Setting"按钮,打开"Cortex-M Target Driver Setup"对话框,选中"Flash Download"选项卡,勾选"Reset and Run"复选框,然后点击"确定"按钮,如图 8 - 36 所示,这样程序代码烧写到开发板上之后就可以直接运行了。

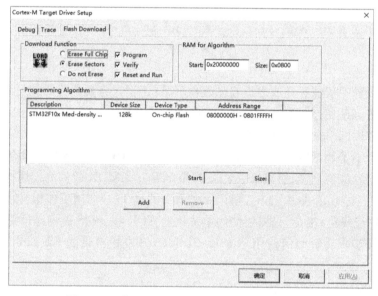

图 8 - 36 "Cortex-M Target Driver Setup"对话框

3) 调试程序

调试程序时,先在可能出问题的 C 语句前打断点,可通过点击工具栏上的 ● 按钮或在代码行数字前双击实现,如图 8 - 37 所示。本例想更直观地显示中断跳转时 LED 的状态翻转,因此在"HAL_GPIO_TogglePin(LD2_GPIO_Port,LD2_Pin);"这条语句打断点。

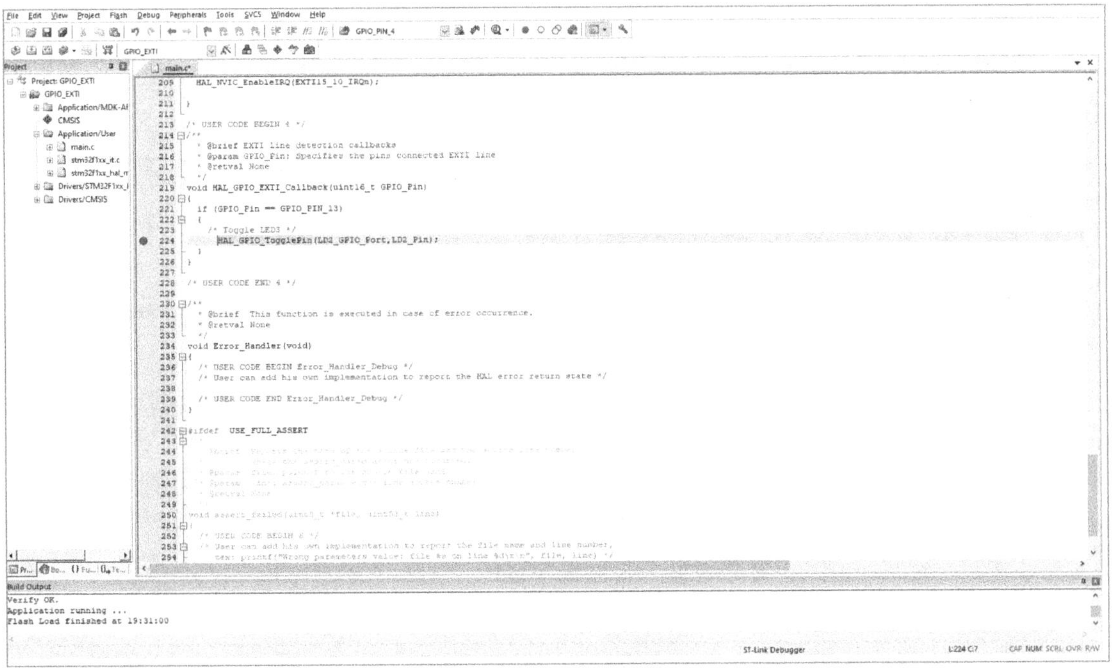

图 8-37　为语句打断点

接下来按"Ctrl+F5"组合键或点击工具栏上的 ⚙· 按钮进入调试模式,按 F5 键或点击

工具栏上的 ⫴ 按钮让程序运行下去。程序开始运行,并没有触发中断,也不会运行到设置

断点的位置。此时开发板上的 LD2 处于熄灭状态。

接着按下蓝色按钮然后释放,可以看到页面上黄色的光标已经跳转到断点处(如图 8-38 所示),此时开发板上的绿色 LED 灯依旧处于熄灭状态。

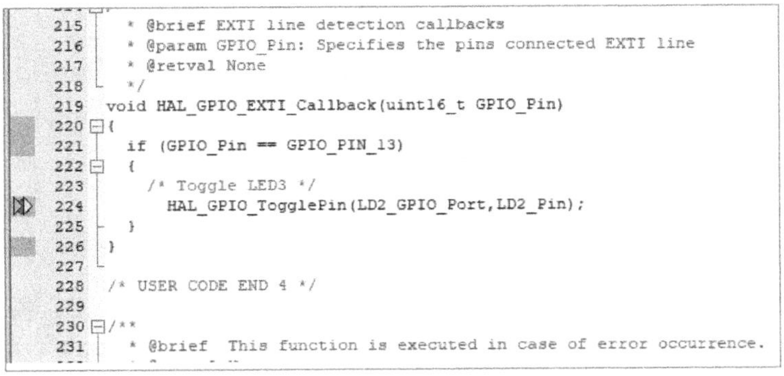

```
215     * @brief EXTI line detection callbacks
216     * @param GPIO_Pin: Specifies the pins connected EXTI line
217     * @retval None
218     */
219  void HAL_GPIO_EXTI_Callback(uint16_t GPIO_Pin)
220  {
221     if (GPIO_Pin == GPIO_PIN_13)
222     {
223        /* Toggle LED3 */
224        HAL_GPIO_TogglePin(LD2_GPIO_Port,LD2_Pin);
225     }
226  }
227
228  /* USER CODE END 4 */
229
230  /**
231     * @brief  This function is executed in case of error occurrence.
```

图 8-38　HAL_GPIO_EXTI_Callback( )函数

然后按 F10 键或 ⟨⟩ (Step Over)按钮,程序继续向下执行,执行过打断点的语句"HAL_

GPIO_TogglePin(LD2_GPIO_Port，LD2_Pin)；"后，绿色 LED 灯亮。这就是 Keil MDK-ARM 代码调试的基础功能。

接下来按 F5 键，代码可以一直运行下去。

8.3.5 ADC 模拟数据采集

ADC 是 Analog-to-Digital Converter 的缩写，意为模拟/数字转换器，或简称模/数转换器，是指将连续的模拟信号转换为离散的数字信号的器件。典型的模拟/数字转换器将模拟信号转换为表示一定比例电压值的数字信号。

首先来介绍一下 ADC 指标。对于 ADC 来说，我们最关注的就是它的分辨率、转换时间、ADC 类型。

① 分辨率：STM32 单片机内置 ADC 的分辨率为 12 位。STM32 单片机的 ADC 不能直接测量负电压，所以没有符号位，其最小量化单位为 $LSB=V_{REF+}/2^{12}$。

② 转换时间：转换时间是可编程的。采样一次至少要用 14 个 ADC 时钟周期，而 ADC 的时钟频率最高为 14 MHz，也就是说，它的采样时间最短为 1 μs。

③ ADC 类型：ADC 的类型决定了它的性能极限，STM32 单片机内置 ADC 是逐次比较型 ADC。

ADC 的主要特征如下：

① 12 位逐次逼近型模拟数字转换器；

② 最多带 3 个 ADC 控制器，可以单独使用，也可以使用双重模式提高采样率；

③ 最多支持 23 个通道，可最多测量 21 个外部信号源和 2 个内部信号源；

④ 支持单次和连续转换模式；

⑤ 转换结束、注入转换结束以及发生模拟看门狗事件时产生中断；

⑥ 通道 0 到通道 n 的自动扫描模式；

⑦ 自动校准；

⑧ 采样间隔可以按通道编程；

⑨ 规则转换和注入转换均有外部触发选项；

⑩ 转换结果支持左对齐或右对齐方式，存储在 16 位数据寄存器中；

⑪ ADC 转换时间在最大转换速率下为 1 μs（最大转换速率为 1 MHz，在 ADCCLK＝14 M，采样周期为 1.5 个 ADC 时钟下得到）；

⑫ ADC 供电要求为 2.4～3.6 V；

⑬ ADC 输入范围为 $V_{REF-} \leqslant V_{IN} \leqslant V_{REF+}$。

AN3116 文档详细描述了 ADC 的两种常用模式：独立模式和双 ADC 模式。

下面我们以 ADC 的规则通道转换来进行过程分析，如图 8-39 所示。所有的器件都是围绕中间的模拟/数字转换器部分（下面简称 ADC 部件）展开的。它的左端为 V_{REF+}、V_{REF-} 等 ADC 参考电压，ADCx_IN0～ADCx_IN15 为 ADC 的输入信号通道，即某些 GPIO 引脚。输入信号经过这些通道被送到 ADC 部件，ADC 部件需要接收到触发信号才开始进行转换，如 EXTI 外部触发、定时器触发，也可以使用软件触发。

ADC 部件接收到触发信号之后,在 ADCCLK 时钟的驱动下对输入通道的信号进行采样并进行模数转换,其中 ADCCLK 来自 ADC 预分频器。经过 ADC 部件转换后的数值被保存到一个 16 位的规则通道数据寄存器(或注入通道数据寄存器)之中,可以通过 CPU 指令或 DMA 把它读取到存储器(变量)。模/数转换之后,可以触发 DMA 请求或者触发 ADC 的转换结束事件。如果配置了模拟看门狗并且采集得到的电压大于阈值,会触发看门狗中断。

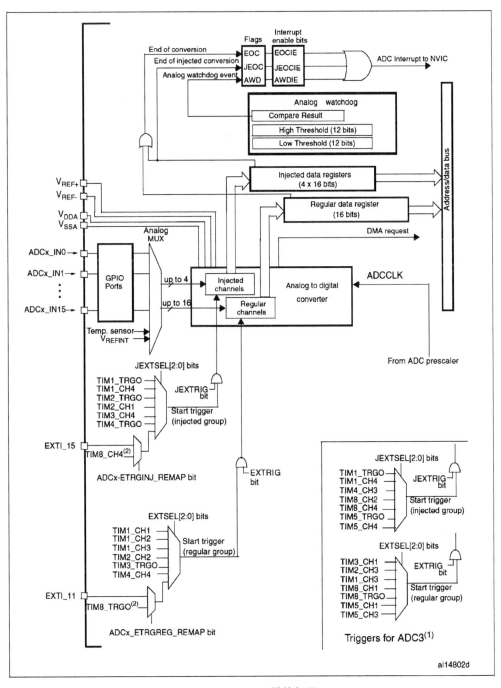

图 8-39　ADC 模块框图

1. HAL 库例程详解

了解了 STM32 单片机中模拟/数字转换器的基础知识和工作原理之后,接下来需要通过分析 Stm32CubeF1 软件包的例程 ADC_Sequencer 来学习 ADC 的使用。打开 STM3210E_EVAL\Examples\ADC 文件夹中的 ADC_Sequencer 例程,对照官方例程进行学习。

打开"MDK-ARM"子文件夹中的工程文件,首先阅读"readme. txt"文件,内容如下:

```
/**
  @ page ADC_Sequencer ADC conversion example, using related peripherals
    (GPIO, DMA), voltage input from DAC, user control by push button and LED

  @ verbatim
  * * * * * * * * (C) COPYRIGHT 2016 STMicroelectronics * * * * * * *
  * @ file ADC/ADC_Sequencer/readme.txt
  * @ author MCD Application Team
  * @ brief Description of the ADC conversion example
  * * * * * * * * * * * * * * * * * * * * * * * * * * * * * * * * * *
  * @ attention
  *
  * <h2> < center> &copy; Copyright (c) 2016 STMicroelectronics.
  * All rights reserved.</center> </h2>
  *
  * This software component is licensed by ST under BSD 3- Clause license,
  * the "License"; You may not use this file except in compliance with the
  * License. You may obtain a copy of the License at:
  *              opensource.org/licenses/BSD- 3- Clause
  *
  * * * * * * * * * * * * * * * * * * * * * * * * * * * * * * * * * *
  @ endverbatim

  @ par Example Description

  How to use the ADC peripheral with a sequencer to convert several channels.
  The channels converted are, in order, one external channel and two internal
  channels (VrefInt and temperature sensors).

  Moreover, voltage and temperature are then computed.

  One compilation switch is available to generate a waveform voltage
  for test (located in main.h):
  - "WAVEFORM_VOLTAGE_GENERATION_FOR_TEST" defined: For this example
    purpose, generates a waveform voltage on a spare DAC channel DAC_CHANNEL_1
    (pin PA.04), so user has just to connect a wire between DAC channel output
    and ADC in put to run this example.
  - "WAVEFORM_VOLTAGE_GENERATION_FOR_TEST" not defined: no voltage is
    generated, user has to connect a voltage source to the selected ADC channel
    input to run this example.
```

Other peripherals related to ADC are used:
Mandatory:
  - GPIO peripheral is used in analog mode to drive signal from device pin to
    ADC input.
Optionally:
  - DMA peripheral is used to transfer ADC conversions data.

ADC settings:
  Sequencer is enabled, and set to convert 3 ranks (3 channels) in discontin-
  uous mode, one by one at each conversion trig.

ADC conversion results:
  - ADC conversions results are transferred automatically by DMA, into var-
    iable array "aADCxConvertedValues".
  - Each address of this array is containing the conversion data of 1 rank of
    the ADC sequencer.
  - When DMA transfer half- buffer and buffer length are reached, callbacks
    HAL_ADC_ConvHalfCpltCallback () and HAL_ADC_ConvCpltCallback () are
    called.
  - When the ADC sequence is fully completed (3 ADC conversions), the
    voltage and temperature are computed and placed in variables:
    uhADCChannelToDAC_mVolt, uhVrefInt_mVolt, wTemperature_DegreeCel-
    sius.

Board settings:
  - ADC is configured to convert ADC_CHANNEL_4 (pin PA.04).
  - The voltage input on ADC channel is provided from potentiometer RV2.
    Turning this potentiometer will make the voltage vary into full range:
    from 0 to Vdda (3.3V).
  ==> Therefore, there is no external connection needed to run this
        example.

STM3210E- EVAL RevD board's LEDs are be used to monitor the program execution
status:
  - Normal operation: LED1 is turned- on/off in function of ADC conversion
    result.
  - Turned- off if sequencer has not yet converted all ranks
  - Turned- on if sequencer has converted all ranks
  - Error: In case of error, LED3 is toggling at a frequency of 1Hz.
@ note Care must be taken when using HAL_Delay(), this function provides
        accurate delay (in milliseconds) based on variable incremented in
        SysTick ISR. This implies that if HAL_Delay() is called from a periph-
        eral ISR process, then the SysTick interrupt must have higher priority
        (numerically lower) than the peripheral interrupt. Otherwise the
        caller ISR process will be blocked.
        To change the SysTick interrupt priority you have to use HAL_NVIC_
        SetPriority() function.

@ note The application needs to ensure that the SysTick time base is always
        set to 1 millisecond to have correct HAL operation.

@ par Directory contents

- ΛDC/ΛDC_Sequencer/Inc/stm32f1xx_hal_conf.h HAL configuration file
- ADC/ADC _ Sequencer/Inc/stm32f1xx _ it. h DMA interrupt handlers header file
- ADC/ADC_Sequencer/Inc/main.h Header for main.c module
- ADC/ADC_Sequencer/Src/stm32f1xx_it.c DMA interrupt handlers
- ADC/ADC_Sequencer/Src/main.c Main program
- ADC/ADC_Sequencer/Src/stm32f1xx_hal_msp.c HAL MSP file
- ADC/ADC_Sequencer/Src/system_stm32f1xx.c STM32F1xx system source file

@ par Hardware and Software environment

- This example runs on STM32F1xx devices.

- This example has been tested with STM3210E- EVAL RevD board and can be easily tailored to any other supported device and development board.

@ par How to use it ?

In order to make the program work, you must do the following :
- Open your preferred toolchain
- Rebuild all files and load your image into target memory
- Run the example

从 @par Example Description 这段可知,该例程的功能是:(1) 使用 ADC 序列转换 3 个通道,包括 1 个外部通道和 2 个内部通道(内部参考电压 V_{REF} 和温度传感器),每次 ADC 转换完成后计算出电压和温度值;(2) 通过数/模转换器(DAC)的一个通道产生参考电压,为 ADC 通道提供测试电压,当然,该功能也可以使用外部供电方式实现。

还是从 main()函数开始分析例程,读懂了 main()函数就读懂了代码的主线,就可以很容易理解函数的功能。本例程的 main()函数如下:

```
int main(void)
{
  /*  STM32F103xG HAL library initialization:
    - Configure the Flash prefetch
    - Systick timer is configured by default as source of time base, but user
      can eventually implement his proper time base source (a general
      purpose timer for example or other time source), keeping in mind that
      Time base duration should be kept 1ms since PPP_TIMEOUT_VALUEs are
      defined and handled in milliseconds basis.
    - Set NVIC Group Priority to 4
    - Low Level Initialization
  */
HAL_Init();

/*  Configure the system clock to 72 MHz */
```

```
SystemClock_Config();

/* ## Configure peripherals ###########################*/

/* Initialize LEDs on board */
BSP_LED_Init(LED3);
BSP_LED_Init(LED1);

/* Configure Key push- button in Interrupt mode */
BSP_PB_Init(BUTTON_KEY, BUTTON_MODE_EXTI);

/* Configure the ADC peripheral */
ADC_Config();

/* Run the ADC calibration */
if (HAL_ADCEx_Calibration_Start(&AdcHandle)!= HAL_OK)
{
  /* Calibration Error */
  Error_Handler();
}

# if defined(WAVEFORM_VOLTAGE_GENERATION_FOR_TEST)
  /* Configure the DAC peripheral */
  DAC_Config();
# endif /* WAVEFORM_VOLTAGE_GENERATION_FOR_TEST */
  /* ## Enable peripherals ############################*/

# if defined(WAVEFORM_VOLTAGE_GENERATION_FOR_TEST)
  /* Set DAC Channel data register: channel corresponding to ADC channel
     CHANNELa */
  /* Set DAC output to 1/2 of full range (4095< = > Vdda= 3.3V):
     2048< = > 1.65V */
  if (HAL_DAC_SetValue(&DacHandle, DACx_CHANNEL_TO_ADCx_CHANNELa,
    DAC_ALIGN_12B_R, RANGE_12BITS/2) ! = HAL_OK)
  {
    /* Setting value Error */
    Error_Handler();
  }

  /* Enable DAC Channel: channel corresponding to ADC channel CHANNELa */
  if (HAL_DAC_Start(&DacHandle, DACx_CHANNEL_TO_ADCx_CHANNELa)! = HAL_OK)
  {
    /* Start Error */
    Error_Handler();
  }
# endif /* WAVEFORM_VOLTAGE_GENERATION_FOR_TEST */

  /* ## Start ADC conversions #########################*/

  /* Start ADC conversion on regular group with transfer by DMA */
```

```
    if (HAL_ADC_Start_DMA(&AdcHandle, (uint32_t * )aADCxConvertedValues,
       ADCCONVERTEDVALUES_BUFFER_SIZE) != HAL_OK)

    {
      /* Start Error */
      Error_Handler();
    }


    /* Infinite loop */
    while (1)
    {
      /* Wait for event on push button to perform following actions */
      while ((ubUserButtonClickEvent)== RESET)
      {
      }
      /* Reset variable for next loop iteration */
      ubUserButtonClickEvent = RESET;
# if defined(WAVEFORM_VOLTAGE_GENERATION_FOR_TEST)
      /* Set DAC voltage on channel corresponding to ADCx_CHANNELa */
      /* in function of user button clicks count. */
      /* Set DAC output successively to: */
      /* - minimum of full range (0< = > ground 0V) */
      /* - 1/4 of full range (4095< = > Vdda= 3.3V):1023< = > 0.825V */
      /* - 1/2 of full range (4095< = > Vdda= 3.3V):2048< = > 1.65V */
      /* - 3/4 of full range (4095< = > Vdda= 3.3V):3071< = > 2.475V */
      /* - maximum of full range (4095< = > Vdda= 3.3V) */
      if (HAL_DAC_SetValue(&DacHandle, DACx_CHANNEL_TO_ADCx_CHANNELa,
         DAC_ALIGN_12B_R, (RANGE_12BITS * ubUserButtonClickCount / USERBUTTON_
         CLICK_COUNT_MAX)) != HAL_OK)
      {
        /* Start Error */
        Error_Handler();
      }
# endif /* WAVEFORM_VOLTAGE_GENERATION_FOR_TEST */

      /* Wait for DAC settling time */
      HAL_Delay(1);

      /* Start ADC conversion */
      /* Since sequencer is enabled in discontinuous mode, this will
         perform */
      /* the conversion of the next rank in sequencer. */
      /* Note: For this example, conversion is triggered by software start, */
      /* therefore "HAL_ADC_Start()" must be called for each conversion. */
      /* Since DMA transfer has been initiated previously by function */
      /* "HAL_ADC_Start_DMA()", this function will keep DMA transfer */
      /* active. */
      HAL_ADC_Start(&AdcHandle);

      /* Wait for conversion completion before conditional check hereafter */
```

```
HAL_ADC_PollForConversion(&AdcHandle, 1);

/* Turn-on/off LED1 in function of ADC sequencer status */
/* - Turn-off if sequencer has not yet converted all ranks */
/* - Turn-on if sequencer has converted all ranks */
if (ubSequenceCompleted == RESET)
{
  BSP_LED_Off(LED1);
}
else
{
  BSP_LED_On(LED1);

  /* Computation of ADC conversions raw data to physical values */
  /* Note: ADC results are transferred into array "aADCxConvertedValues" */
  /* in the order of their rank in ADC sequencer. */
    uhADCChannelToDAC_mVolt =
    COMPUTATION_DIGITAL_12BITS_TO_VOLTAGE(aADCxConvertedValues[0]);
    uhVrefInt_mVolt=
    COMPUTATION_DIGITAL_12BITS_TO_VOLTAGE(aADCxConvertedValues[2]);
    wTemperature_DegreeCelsius =
    COMPUTATION_TEMPERATURE_STD_PARAMS(aADCxConvertedValues[1]);

  /* Reset variable for next loop iteration */
  ubSequenceCompleted = RESET;
  }
 }
}
```

本章介绍的是 ADC 的使用,因此对 DAC 部分的代码不做分析。下面分析 ADC 部分的代码。

1) 系统初始化

此部分内容在前几个例程中已经分析过,就不再分析了。

2) 配置 ADC

```
/**
  * @brief ADC configuration
  * @param None
  * @retval None
*/
static void ADC_Config(void)
{
  ADC_ChannelConfTypeDef sConfig;

  /* Configuration of ADCx init structure: ADC parameters and regular group */
  AdcHandle.Instance = ADCx;

  AdcHandle.Init.DataAlign= ADC_DATAALIGN_RIGHT;
  AdcHandle.Init.ScanConvMode= ADC_SCAN_ENABLE;/* Sequencer disabled
```

(ADC conversion on only 1 channel: channel set on rank 1) */
    AdcHandle.Init.NbrOfConversion= 3; /* Sequencer of regular group will convert the 3 first ranks: rank1, rank2, rank3 */
    AdcHandle.Init.DiscontinuousConvMode= ENABLE; /* Sequencer of regular group will convert the sequence in several sub- divided sequences */
    AdcHandle.Init.NbrOfDiscConversion= 1; /* Sequencer of regular group will convert ranks one by one, at each conversion trig */
    AdcHandle.Init.ExternalTrigConv = ADC_SOFTWARE_START; /* Trig of conversion start done manually by software, without external event */

```
    if (HAL_ADC_Init(&AdcHandle)!=HAL_OK)
    {
      /* ADC initialization error */
      Error_Handler();
    }

    /* Configuration of channel on ADCx regular group on sequencer rank 1 */
    /* Note: Considering IT occurring after each ADC conversion (IT by DMA end */
    /* of transfer), select sampling time and ADC clock with sufficient */
    /* duration to not create an overhead situation in IRQHandler. */
    /* Note: Set long sampling time due to internal channels (VrefInt, */
    /* temperature sensor) constraints. Refer to device datasheet for */
    /* min/typ/max values. */
    sConfig.Channel = ADCx_CHANNELa;
    sConfig.Rank = ADC_REGULAR_RANK_1;
    sConfig.SamplingTime = ADC_SAMPLETIME_71CYCLES_5;

    if (HAL_ADC_ConfigChannel(&AdcHandle, &sConfig) != HAL_OK)
    {
      /* Channel Configuration Error */
      Error_Handler();
    }

    /* Configuration of channel on ADCx regular group on sequencer rank 2 */
    /* Replicate previous rank settings, change only channel and rank */
    sConfig.Channel      = ADC_CHANNEL_TEMPSENSOR;
    sConfig.Rank         = ADC_REGULAR_RANK_2;

    if (HAL_ADC_ConfigChannel(&AdcHandle, &sConfig) !=HAL_OK)
    {
      /* Channel Configuration Error */
      Error_Handler();
    }
    /* Configuration of channel on ADCx regular group on sequencer rank 3 */
    /* Replicate previous rank settings, change only channel and rank */
    sConfig.Channel= ADC_CHANNEL_VREFINT;
    sConfig.Rank= ADC_REGULAR_RANK_3;

    if (HAL_ADC_ConfigChannel(&AdcHandle, &sConfig)!= HAL_OK)
    {
```

```
        /* Channel Configuration Error */
        Error_Handler();
    }
}
```

ADC_Config()函数内部通过调用 HAL_ADC_Init()和 HAL_ADC_ConfigChannel()函数实现。读者还可结合官方编写的 RM0008 文档通过寄存器配置学习实现过程。

(1) HAL_ADC_Init()函数

ADC_Config()函数位于调用 HAL_ADC_Init()之前,主要配置了结构体 AdcHandle.Init()成员变量,将转换后数据存储的对齐方式设置为右对齐(ADC_DATAALIGN_RIGHT);扫描模式设置为使能(ADC_SCAN_ENABLE);连续转换模式(ContinousConvMode)设置为禁止(DISABLE),此模式设置后每次触发只执行一次转换;转换通道数(NbrOfConversion)设置为 3;间断转换模式(DiscontinuousConvMode)设置为使能(ENABLE),该参数主要在 HAL_ADC_Init()函数的实现代码中作判断条件用;间断模式通道数(NbrOfDiscConversion)设置为 1,也就是每次触发仅转换一个 ADC 通道;通道外部触发转换模式(ExternalTrigConv)设置为软件触发(ADC_SOFTWARE_START),此选项为软件手动设置,不使用外部事件触发。

(2) HAL_ADC_ConfigChannel()函数

接下来设置 ADC 转换通道,如下所示:

```
        sConfig.Channel= ADCx_CHANNELa;
        sConfig.Rank= ADC_REGULAR_RANK_1;
        sConfig.SamplingTime= ADC_SAMPLETIME_71CYCLES_5;

        if (HAL_ADC_ConfigChannel(&AdcHandle, &sConfig)!= HAL_OK)
        {
          /* Channel Configuration Error */
          Error_Handler();
        }
```

将转换通道设置为 ADCx_CHANNELa(即 ADC_CHANNEL_4),该通道在转换组的序列设置为 ADC_REGULAR_RANK_1(第一个),ADC 采样时间设置为 71.5 个 ADC_CLK 周期。

最后调用 HAL_ADC_ConfigChannel()函数实现以上参数的设置。

在 ADC_Config()函数内部共有 3 个 ADC 通道的设置,将另外两个通道的温度传感器(ADC_CHANNEL_TEMPSENSOR)和内部参考电压(ADC_CHANNEL_VREFINT)分别设置转换组序列为 2 和 3,采样周期均设置为 71.5 个 ADC_CLK 周期。

3) 启动 ADC 校准

分析完 ADC_Config()函数,再回到 main()函数,接下来调用 HAL_ADCEx_Calibration_Start()函数启动 ADC 校准功能。

4) 启动 A/D 转换

完成上述设置后,在 main()函数中调用 HAL_ADC_Start_DMA()函数启动 DMA 传输,传入的参数有外设句柄(AdcHandler)、DMA 控制器要保存数据寄存器的地址(aADCx-ConvertedValues)以及要传输数据的个数(ADCCONVERTEDVALUES_BUFFER_SIZE,其宏定义为 3)。

在"stm32f1xx_hal_msp. c"文件中定义了 HAL_ADC_MspInit()函数,该函数中定义了 DMA 控制器传输数据的方向,即外设到存储器(DMA_PERIPH_TO_MEMORY)、外设地址增量模式(DMA_PINC_ENABLE)、存储器地址增量模式(DMA_MINC_ENABLE)、外设数据宽度为半字(DMA_PDATAALIGN_HALFWORD)、存储器数据宽度为半字(DMA_MDATAALIGN_ HALFWORD)、循环模式(DMA_CIRCULAR)、DMA 通道优先级(DMA_PRIORITY_HIGH)。这些设置在下一节使用 STM32CubeMX 重建例程中配置 DMA 控制器时需要使用。

5) while 循环体

while()函数实现的流程如下:等待按钮按下,如果按下,调用 HAL_ADC_Start()函数启动一次 ADC 规则组通道转换;再调用 HAL_ADC_PollForConversion()函数等待 A/D 转换完成;最后通过 ubSequenceCompleted 判断是否完成 A/D 转换。若转换失败,关闭 LED 指示灯;若转换成功,则计算并打印出外部模拟电压、内部参考电压和温度传感器的值。

至此,ADC_Sequencer 例程的实现源代码的分析就结束了,要想系统了解 STM32 单片机中 ADC 更详细的使用方法,需要结合 RM0008 等相关文档继续学习其工作原理。

2. 新建项目

1) 使用 STM32CubeMX 新建项目

接下来使用 STM32CubeMX 新建项目,并编写相关代码来学习 ADC 的配置。

(1) 新建文件夹:在计算机桌面上的"book"文件夹中新建"ADC"文件夹。

(2) 新建工程项目。

(3) 选择微处理器 STM32F103RBTx。

(4) 配置 MCU 引脚:通过前面的分析,本工程需要用到的有外设 LED2,用来提示程序的运行状态;按键,用来启动 A/D 转换;ADC1 的通道 4,用来测量一路外部模拟电压;同时需要启动内部通道、测量温度和电压参考。如图 8 - 40 所示,在 STM32CubeMX 中,配置 PA5 的工作模式为 GPIO_Output;配置 PC13(按键)的工作模式为 GPIO_EXTI13;在界面左侧的外设列表中选择"ADC1",然后在界面中间的模式列表中选择"IN4"(通道 4)、"Temperature Sensor Channel"温度传感器、"Verfint Channel"(内部参考电压),其他配置项采用默认配置(其中,通道 5 即 IN5 被用作外部 GPIO 口,因此以红色显示);外设列表中的 SYS 需要设置 Debug(调试器)使用 Serial Wire,以方便后续代码调试。

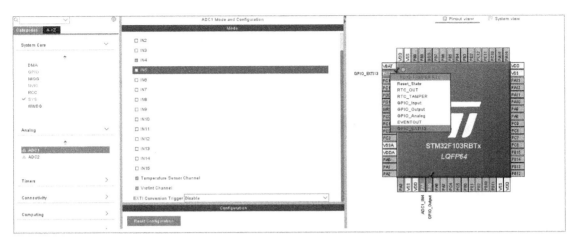

图 8 - 40　配置 MCU 引脚

（5）保存工程项目：将工程保存在新建的"ADC"文件夹中，文件名为"ADC.ioc"。

（6）配置 MCU 时钟树：根据 RM0008 文档，ADC 的输入时钟不能超过 14 MHz。因此在"To ADC1,2"前的文本框中输入"14"，按回车键，显示如图 8 - 41 所示的对话框，点击"OK"按钮会自动配置系统时钟，如图 8 - 42 所示。

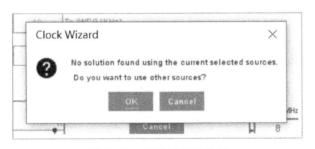

图 8 - 41　时钟配置对话框

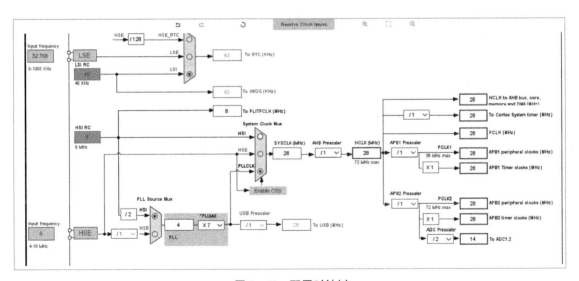

图 8 - 42　配置时钟树

（7）配置 MCU 外设：在 STM32CubeMX 主界面的 Configuration 页面配置 GPIO、ADC1、NVIC 和 DMA 4 个外设。对于 GPIO，将 PA5 和 PCl13 的"User Label"分别改成"LED2"和"USER_BUTTON"，如图 8-43 所示。

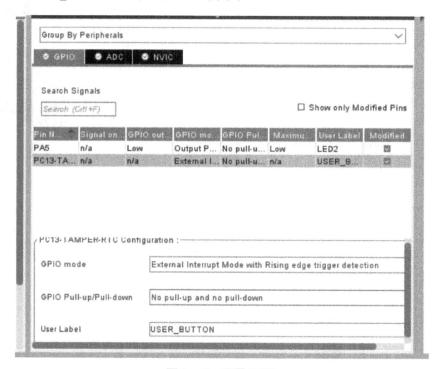

图 8-43　配置 GPIO

参考 ADC_Sequencer 例程的 ADC_Config()函数中有关 ADC 的参数来配置 ADC1。首先将"Number of Conversion"（转换通道数目）设置为"3"，再将"Data Alignment"（数据对齐方式）设置为"Right alignment"，"Scan Conversion Mode"（扫描模式）设置为"Enabled"，"Continuous Conversion Mode"（连续转换模式）设置为"Enabled"，"Discontinuous Conversion Mode"（间断转换模式）设置为"Disabled"；"External Trigger Conversion Source"（外部触发源）设置为"Regular Conversion launched by software"，如图 8-44 所示。

图 8 - 44　配置 ADC1

另外,规则组(ADC_Regular_ConversionMode)3 个通道的具体设置如图 8 - 45 所示,第一个转换通道为 ADC1_Channel4,第二个转换通道为 Channel Temperature Sensor(温度传感器),第 3 个转换通道为 Channel Verfint(内部参考电压);3 个通道的 Sampling Time(采样周期)都为 71.5 个 ADC_CLK 周期。

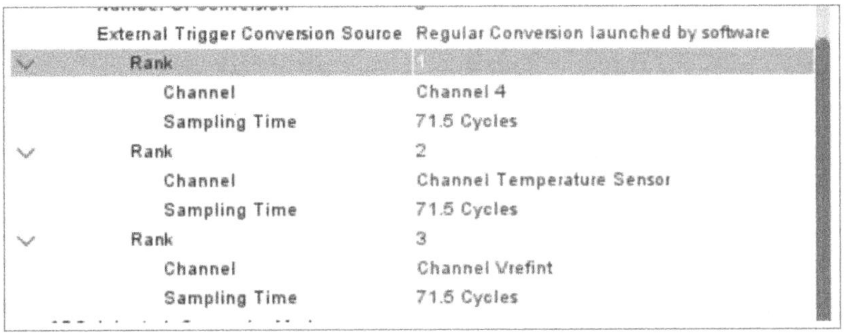

图 8 - 45　规则组 3 个 ADC 通道的设置

对于 DMA,在其 Configuration 页面中点击"Add"按钮添加 DMA 通道 ADC1(DMA1_Channel 1),配置参数参考"stm32f1xx_hal_msp. c"文件中 HAL_ADC_MspInit()函数的相关 DMA 配置,将"Direction"(传输方向)设置为"Memory To Peripheral","Priority"(优先

级)设置为"High"。在"DMA Request Settings"（DMA 请求设置）区域中，将"Mode"（模式）设置为"Circular"（循环模式），"Data Width"（数据宽度）设置为"Half Word"（半字）。具体设置如图 8 - 46 所示。

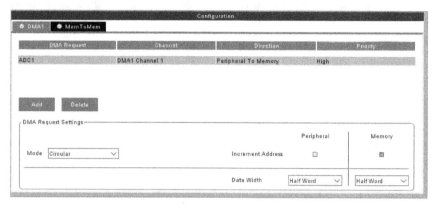

图 8 - 46　配置 DMA 控制器

NVIC 配置的重点是设置 System Tick Timer、DMA1 channel1 global interrupt、ADC1 and ADC2 global interrupts、EXTI line[15:10] interrupts 等中断的 Preemption Priority（抢占优先级），具体设置如图 8 - 47 所示。

NVIC Interrupt Table	Enabled	Preemption Priority	Sub Priority
Non maskable interrupt	☑	0	0
Hard fault interrupt	☑	0	0
Memory management fault	☑	0	0
Prefetch fault, memory access fault	☑	0	0
Undefined instruction or illegal state	☑	0	0
System service call via SWI instruction	☑	0	0
Debug monitor	☑	0	0
Pendable request for system service	☑	0	0
Time base: System tick timer	☑	15	0
PVD interrupt through EXTI line 16	☐	0	0
Flash global interrupt	☐	0	0
RCC global interrupt	☐	0	0
DMA1 channel1 global interrupt	☑	2	0
ADC1 and ADC2 global interrupts	☑	0	0
EXTI line[15:10] interrupts	☑	8	0

Priority Group: 4 bits for pre-emption priority 0 bits for subpriority

图 8 - 47　配置 NVIC

配置中断的抢占优先级时，通常配置 System Tick Timer（系统滴答定时器）的优先级最低（数值最大），其他中断根据其重要性而定。本工程中的 ADC 中断和 DMA 中断的重要性高于外部中断（按键），则设置外部中断 EXTI 的优先级低（数值大），而 ADC 和 DMA 中断的优先级稍高。

（8）生成 C 工程项目：在 STM32CubeMX 主界面打开"Project Manager"选项卡，在"Project Settings"区域中，设置工程保存路径、工程名称；将"Toolchain/IDE"（开发工具）设

置为"MDK-ARM V5"。

配置完成后,点击"GENERATE CODE"按钮生成 C 工程,并在 Keil MDK-ARM 中打开该工程。

(9) 编译工程。

2) 完善项目

仿照例程将"main. c"文件补充完整,实现例程功能。

(1) 校准、启动 ADC:在 main() 函数的/*USER CODE BEGIN 2 */和/*USER CODE END 2 */之间补充代码,调用 HAL_ADCEx_Calibration_Start() 函数实现 ADC 校准;调用 HAL_ADC_Start_DMA() 函数启动 DMA 控制器传输结果的规则组进行 A/D 转换。补充代码如下所示:

```
/*  Run the ADC calibration */
if (HAL_ADCEx_Calibration_Start(&hadc1)!=HAL_OK)
{
  /*  Calibration Error */
  Error_Handler();
}

/*  Start ADC conversion on regular group with transfer by DMA */
 if (HAL_ADC_Start_DMA(&hadc1,(uint32_t * )aADCxConvertedValues,
    ADCCONVERTEDVALUES_BUFFER_SIZE) != HAL_OK)
{
  /*  Start Error */
  Error_Handler();
}
```

将 HAL_ADCEx_Calibration_Start() 和 HAL_ADC_Start_DMA() 函数的参数 AdcHandle 修改为 hadc1,与"main. c"文件中定义的全局变量保持一致。

(2) 定义变量、数组:在 main() 函数的/*USER CODE BEGIN PV */和/*USER CODE END PV */之间定义 HAL_ADC_Start_DMA() 函数用到的数组和其他几个全局变量,如下所示:

```
/*  Variable containing ADC conversions results */
__IO uint16_t aADCxConvertedValues[ADCCONVERTEDVALUES_BUFFER_SIZE];

/*  Variables for ADC conversions results computation to physical values */
uint16_t uhADCChannelToDAC_mVolt = 0;
uint16_t uhVrefInt_mVolt = 0;
int32_t wTemperature_DegreeCelsius = 0;

/*  Variables to manage push button on board: interface between ExtLine
    interruption and main program */
uint8_t ubUserButtonClickCount = 0; /*  Count number of clicks: Incremented
after User Button interrupt */
__IO uint8_t ubUserButtonClickEvent = RESET; /*  Event detection: Set after
```

User Button interrupt */

```
/* Variable to report ADC sequencer status */
uint8_t ubSequenceCompleted = RESET; /* Set when all ranks of the sequence
have been converted */
```

（3）定义 ADCCONVERTEDVALUES_BUFFER_SIZE：在"main. c"文件的/*USER CODE BEGIN PV */和/*USER CODE END PV */之间定义宏 ADCCONVERTEDVAL-UES_BUFFER_SIZE 以及计算电压和温度用到的宏，如下所示：

```
/* Private define - - - - - - - - - - - - - - - - - - - - - - - - - - - - - */
# define VDD_APPLI((uint32_t)3300) /* Value of analog voltage supply Vdda
 (unit: mV) */
# define RANGE_12BITS((uint32_t)4095) /* Max value with a full range of 12
 bits */
# define USERBUTTON_CLICK_COUNT_MAX ((uint32_t) 4) /* Maximum value of
 variable "UserButtonClickCount" */
# define ADCCONVERTEDVALUES_BUFFER_SIZE ((uint32_t) 3) /* Size of array
 containing ADC converted values: set to ADC sequencer number of ranks con-
 verted, to have a rank in each address */

/* Internal temperature sensor:constants data used for indicative values in */
/* this example. Refer to device datasheet for min/typ/max values. */
/* For more accurate values, device should be calibrated on offset and slope */
/* for application temperature range. */
# define INTERNAL_TEMPSENSOR_V25 ((int32_t)1430) /* Internal temperature
 sensor, parameter V25 (unit: mV). Refer to device datasheet for min/typ/max
 values. */
# define INTERNAL_TEMPSENSOR_AVGSLOPE ((int32_t)4300) /* Internal
 temperature sensor, parameter Avg_Slope (unit: uV/DegCelsius). Refer to
 device datasheet for min/typ/max values. */
/* This calibration parameter is intended to calculate the actual VDDA from
 Vrefint ADC measurement. */

/* Private macro - - - - - - - - - - - - - - - - - - - - - - - - - - - - - - * /

/**
 * @brief Computation of temperature (unit: degree Celsius) from the inter-
   nal temperature sensor measurement by ADC.
 * Computation is using temperature sensor standard parameters (refer to
 * device datasheet).
 * Computation formula:
 * Temperature = (VTS - V25)/Avg_Slope + 25
 * with VTS = temperature sensor voltage
 * Avg_Slope = temperature sensor slope (unit: uV/DegCelsius)
 * V25 = temperature sensor @ 25degC and Vdda 3.3V (unit: mV)
 * Calculation validity conditioned to settings:
 * - ADC resolution 12 bits (need to scale value if using a different
 *   resolution).
```

```
   * - Power supply of analog voltage Vdda 3.3V (need to scale value
   * if using a different analog voltage supply value).
   * @param TS_ADC_DATA: Temperature sensor digital value measured by ADC
   * @retval None
 */
# define COMPUTATION_TEMPERATURE_STD_PARAMS(TS_ADC_DATA) \
   ((((int32_t)(INTERNAL_TEMPSENSOR_V25 - (((TS_ADC_DATA) * VDD_APPLI) / RANGE
   _12BITS)\) *  1000 \) / INTERNAL_TEMPSENSOR_AVGSLOPE \) +  25 \)

/**
   * @brief Computation of voltage (unit: mV) from ADC measurement digital
   * value on range 12 bits.
   * Calculation validity conditioned to settings:
   * - ADC resolution 12 bits (need to scale value if using a different
   *    resolution).
   * - Power supply of analog voltage Vdda 3.3V (need to scale value
   *    if using a different analog voltage supply value).
   * @param ADC_DATA: Digital value measured by ADC
   * @retval None
 */
# define COMPUTATION_DIGITAL_12BITS_TO_VOLTAGE(ADC_DATA) \
   ( (ADC_DATA)*VDD_APPLI / RANGE_12BITS)
```

（4）补充 while 循环体：在 main（）函数中 while 循环的 /*USER CODE BEGIN 3 */ 和 /*USER CODE END 3 */ 之间补充实现操作按键、启动 A/D 转换、等待 A/D 转换完成、计算转换数据功能的代码。

复制例程的代码时，要修改 ADC 句柄为 hadc1，并用 HAL_GPIO_WritePin（）函数重新写 LED 的控制代码。补充与修改后的代码如下所示：

```
/*  USER CODE BEGIN 3 */
/*  Wait for event on push button to perform following actions */
while ((ubUserButtonClickEvent)==RESET)
{
}
/*  Reset variable for next loop iteration */
ubUserButtonClickEvent =  RESET;

/*  Start ADC conversion * /
/*  Since sequencer is enabled in discontinuous mode, this will perform */
/*  the conversion of the next rank in sequencer. */
/*  Note: For this example, conversion is triggered by software start, */
/*  therefore "HAL_ADC_Start()" must be called for each conversion. */
/*  Since DMA transfer has been initiated previously by function */
/*  "HAL_ADC_Start_DMA()", this function will keep DMA transfer */
/*  active. */
HAL_ADC_Start(&hadc1);

/*  Wait for conversion completion before conditional check hereafter */
```

```
HAL_ADC_PollForConversion(&hadc1, 1);

/* Turn-on/off LED1 in function of ADC sequencer status */
/* - Turn-off if sequencer has not yet converted all ranks */
/* - Turn-on if sequencer has converted all ranks */
if (ubSequenceCompleted ==RESET)
{
  HAL_GPIO_WritePin(LED2_GPIO_Port,LED2_Pin,GPIO_PIN_RESET);
}
else
{
  HAL_GPIO_WritePin(LED2_GPIO_Port,LED2_Pin,GPIO_PIN_SET);

  /* Computation of ADC conversions raw data to physical values */
  /* Note: ADC results are transferred into array "aADCxConvertedValues" */
  /* in the order of their rank in ADC sequencer. */
  uhADCChannelToDAC_mVolt = COMPUTATION_DIGITAL_12BITS_TO_VOLTAGE
(aADCxConvertedValues[0]);
  uhVrefInt_mVolt= COMPUTATION_DIGITAL_12BITS_TO_VOLTAGE
(aADCxConvertedValues[2]);
  wTemperature_DegreeCelsius= COMPUTATION_TEMPERATURE_STD_PARAMS
(aADCxConvertedValues[1]);

  /* Reset variable for next loop iteration */
  ubSequenceCompleted = RESET;
  }
 }
 /* USER CODE END 3 */
```

（5）重写回调函数：在"main. c"文件的/*USER CODE BEGIN 4 */和/*USER CODE END 4 */之间补充外部中断回调函数、A/D 转换完成的回调函数和 ADC 错误回调函数，如下所示：

```
/**
  * @brief EXTI line detection callbacks
  * @param GPIO_Pin: Specifies the pins connected EXTI line
  * @retval None
* /
void HAL_GPIO_EXTI_Callback(uint16_t GPIO_Pin)
{
  if (GPIO_Pin==USER_BUTTON_Pin)
  {
    /* Set variable to report push button event to main program */
    ubUserButtonClickEvent=SET;

    /* Manage ubUserButtonClickCount to increment it circularly from 0 to */
    /* maximum value defined */
    if (ubUserButtonClickCount<USERBUTTON_CLICK_COUNT_MAX)
    {
```

```
        ubUserButtonClickCount++;
    }
    else
    {
        ubUserButtonClickCount=0;
    }

  }
}


/**
  * @brief Conversion complete callback in non blocking mode
  * @param AdcHandle : AdcHandle handle
  * @note This example shows a simple way to report end of conversion
  * and get conversion result. You can add your own implementation.
  * @retval None
*/
void HAL_ADC_ConvCpltCallback(ADC_HandleTypeDef * AdcHandle)
{
    /*  Report to main program that ADC sequencer has reached its end */
    ubSequenceCompleted = SET;
}


/**
  * @brief ADC error callback in non blocking mode
  * (ADC conversion with interruption or transfer by DMA)
  * @param hadc: ADC handle
  * @retval None
*/
void HAL_ADC_ErrorCallback(ADC_HandleTypeDef * hadc)
{
  /*  In case of ADC error, call main error handler */
  Error_Handler();
}
```

（6）完善 Error_Handler 函数()，如下所示：

```
/**
  * @brief This function is executed in case of error occurrence.
  * @retval None
*/
void Error_Handler(void)
{
  /* USER CODE BEGIN Error_Handler_Debug */
  /* In case of error, LED3 is toggling at a frequency of 1Hz */
  while(1)
  {
    /* Toggle LED3 */
    HAL_GPIO_TogglePin(LED2_GPIO_Port,LED2_Pin);
    HAL_Delay(500);
```

```
    }
    /*  USER CODE END Error_Handler_Debug */
}
```

(7) 编译、下载:在 Keil MDK-ARM 开发环境中编译、下载工程到 Nucleo-F103RB 开发板,然后按复位键(黑色)运行程序;接着按下 USER BUTTON(蓝色)观察 LED2(绿色)的状态,此时是灭的;再次按下 USER BUTTON,观察 LED2 的状态。对照 main()函数中 while 循环的代码,理解代码运行流程。

(8) 仿真、调试:使用开发板板载的 ST-LINK/V2 调试器进行仿真调试,看看程序运行的结果,此时将开发板的 ADC1_IN4(PA4,即 CN8 的第三个插孔)连接到 GND(即 CN6 的第 6 插孔)。

在 Keil MDK-ARM 开发环境中,通过在菜单栏依次点击"Debug"→"Start"/"Stop Debug Session"或点击工具栏上的 按钮进入调试环境,单击"Run"按钮运行程序,观察转换结果。

在 STM32F1 软件包的 STM32Cube_FW_F1_V1.8.3\Projects\STM32F103RB-Nucleo \Examples\ADC 目录下有 ADC_AnalogWatchdog 例程,该例程启动了 ADC 的模拟看门狗功能,可根据设定的阈值区间产生 ADC 中断,其回调函数的处理与 ADC_Sequencer 例程很类似。

参考文献

[1] 谭浩强. C 语言程序设计[M]. 2 版. 北京:清华大学出版社,2001

[2] 李朝青. 单片机原理及接口技术[M]. 北京:北京航空航天大学出版社,2005

[3] 徐惠民,安德宁. 单片微型计算机原理、接口及应用[M]. 2 版. 北京:北京邮电大学出版社,2001

[4] 李广军,王厚军. 实用接口技术[M]. 成都:电子科技大学出版社,1997

[5] 张松春. 电子控制设备抗干扰技术及其应用[M]. 北京:机械工业出版社,1995

[6] 张厥盛,郑继禹,万心平. 锁相技术[M]. 西安:西安电子科技大学出版社,1994

[7] 李仁定. 电机的微机控制[M]. 北京:机械工业出版社,2004

[8] 刘光祜,饶妮妮. 模拟电路基础[M]. 成都:电子科技大学出版社,2008

[9] 陈邦媛. 射频通信电路[M]. 北京:科学出版社,2004

[10] 黄智伟. 全国大学生电子设计竞赛训练教程[M]. 北京:电子工业出版社,2005

[11] 李朝青. 单片机＆DSP 外围数字 IC 技术手册[M]. 北京:北京航空航天大学出版社,2003

[12] 陆坤,奚大顺,李之权,等. 电子设计技术[M]. 成都:电子科技大学出版社,1998

[13] Wakerly J F. 数字设计原理与实践[M]. 林生,金京林,王腾,等译. 北京:机械工业出版社,2003

[14] 各大半导体公司的 Datasheet

[15] 周坚. 单片机轻松入门[M]. 北京:北京航空航天大学出版社,2004

[16] 徐玮. C51 单片机高效入门[M]. 北京:机械工业出版社,2007

[17] 徐爱钧. 单片机高级语言 C51Windows 环境编程与应用[M]. 北京:电子工业出版社,2001

[18] 周兴华. 手把手教你学单片机[M]. 北京:北京航空航天大学出版社,2007

[19] 谭浩强,张基温,唐永炎,等. C 语言程序设计[M]. 2 版. 北京:高等教育出版社,1998

[20] 谭浩强. C 程序设计[M]. 3 版. 北京:清华大学出版社,2005

[21] 何光明,童爱红,王国全,等. C 语言实用培训教程[M]. 北京:人民邮电出版社,2003

[22] 姚明廷. 易学 C 语言基础[M]. 北京:海洋出版社,1993

[23] 杜凌志. C 语言程序设计:二级[M]. 北京:国防工业出版社,2003

[24] 钟廷志. C 语言程序设计[M]. 北京:人民邮电出版社,2004

[25] 苏传芳. C 语言程序设计基础[M]. 北京:电子工业出版社,2004

[26] 解晨光,葛竹春. C 语言程序设计[M]. 北京:人民邮电出版社,2008

[27] 王珊珊,臧洌,张志航,等. 程序设计语言:C[M]. 北京:清华大学出版社,2007

[28] 严平丽. C 语言基础教程[M]. 北京:电子工业出版社,2000

[29] 林锐.高质量程序设计指南:C++/C 语言[M].北京:电子工业出版社,2002

[30] 徐士良.C 语言程序设计[M].北京:人民邮电出版社,2005

[31] 林小茶.C 语言程序实训[M].北京:清华大学出版社,2005

[32] 李春葆,金晶,喻丹丹,等.C 语言程序设计辅导[M].北京:清华大学出版社,2007

[33] 黄远林,陈东方,李顺新,等.C 语言程序设计基础[M].北京:高等教育出版社,2004

[34] 吕国英,李茹,王文剑,等.高级语言程序设计:C 语言描述[M].北京:清华大学出版社,2008

[35] 胡汉才.单片机原理及系统设计[M].北京:清华大学出版社,2002.

[36] 谭浩强.C 程序设计[M].北京:清华大学出版社,1991

[37] 宏晶科技. STC Microcontroller Handbook. 2007

[38] 周兴华.手把手教你学单片机[M].北京:北京航空航天大学出版社,2005

[39] 张志良.单片机原理与控制技术[M].北京:机械工业出版社,2001

[40] 张毅刚.新编 MCS-51 系列单片机应用设计[M].哈尔滨:哈尔滨工业大学出版社,2003

[41] 王东峰,王会良,董冠强,等.单片机 C 语言应用 100 例[M].2 版.北京:电子工业出版社,2013

[42] 王云.51 单片机 C 语言程序设计教程[M].北京:人民邮电出版社,2019

[43] 贺亮.从零开始学 51 单片机[M].北京:电子工业出版社,2013

[44] 卢杉,刘金魁,韩秀娟,等.C 语言程序设计[M].北京:北京邮电大学出版社,2009

[45] 戴仙金.51 单片机及其 C 语言程序开发实例[M].北京:清华大学出版社,2008

[46] 杨百军. 轻松玩转 STM32Cube[M]. 北京:电子工业出版社,2017

[47] 蒙博宇. STM32 自学笔记[M]. 3 版. 北京:北京航空航天大学出版社,2019

[48] 沈红卫. STM32 单片机应用与全案例实践[M]. 北京:电子工业出版社,2017

[49] 廖建尚. 基于 STM32 嵌入式接口与传感器应用开发[M]. 北京:电子工业出版社,2018

[50] 刘火良.STM32 库开发实战指南:基于 STM32F103[M].2 版.北京:机械工业出版社,2017

[51] 郭书军. ARM Cortex-M3 系统设计与实现:STM32 基础篇[M].2 版.北京:电子工业出版社,2018

[52] 王乐峰,陈园园,郭向阳.单片机 C 语言应用 100 例[M]. 2 版. 北京:电子工业出版社,2013

[53] 王云.51 单片机 C 语言程序设计教程[M].北京:人民邮电出版社,2018

[54] 贺亮.从零开始学 51 单片机[M].北京:电子工业出版社,2012

[55] 戴仙金,冼进.51 单片机及其 C 语言程序开发实例[M].北京:清华大学出版社,2008

[56] 付植桐.电子技术[M].5 版.北京:高等教育出版社,2016